国家自然科学基金项目(51678083)资助
住房和城乡建设部科学技术项目(2012-K3-23)资助
江苏省高校优秀中青年教师和校长境外研修计划资助

脆塑性岩石类材料
破坏后区力学特性研究

史贵才　编著

东南大学出版社
SOUTHEAST UNIVERSITY PRESS

·南京·

内 容 简 介

　　岩石是一种复杂材料,峰值后区特性一直是岩石力学界十分关注的问题。本书在前人工作的基础上,对岩石的应力应变全过程曲线分类进行了有益的探讨;应用塑性位势理论,详细推导了对应于不同屈服准则的应力脆性跌落过程塑性流动因子的确定方法,并且给出了非理想脆塑性模型应力脆性跌落过程中产生的非零位移增量的一种简便的近似处理方法;分别对大理岩、红砂岩和花岗岩等几种脆性比较明显的岩石进行了应力脆性跌落系数的试验研究,给出了大理岩和红砂岩的应力脆性跌落系数与围压的关系表达式;应用研制的三维弹-脆性-塑性有限元与无界元耦合分析软件对小湾水电站地下硐室群的围岩稳定性进行了不同屈服条件下的分析,验证了研究成果的有效性和实用性。

　　本书可作为土木、水电、桥梁、隧道、岩土力学与工程等工科专业高年级本科生和研究生的教学参考书,亦可供有关科研与工程设计人员参考。

图书在版编目(CIP)数据

脆塑性岩石类材料破坏后区力学特性研究 / 史贵才
编著. —南京 : 东南大学出版社,2019.12
　　ISBN 978 - 7 - 5641 - 8803 - 0

　　Ⅰ.①脆… Ⅱ.①史… Ⅲ.①岩石-工程材料-塑性
力学　Ⅳ.①TB301

中国版本图书馆 CIP 数据核字(2019)第 293020 号

脆塑性岩石类材料破坏后区力学特性研究
Cuisuxing Yanshilei Cailiao Pohuai Houqu Lixue Texing Yanjiu

编　著	史贵才	
出版发行	东南大学出版社	
出版人	江建中	
社　址	南京市四牌楼 2 号	
邮　编	210096	
经　销	全国各地新华书店	
印　刷	虎彩印艺股份有限公司	
开　本	700 mm×1000 mm　1/16	
印　张	11.25	
字　数	225 千字	
版　次	2019 年 12 月第 1 版	
印　次	2019 年 12 月第 1 次印刷	
书　号	ISBN 978 - 7 - 5641 - 8803 - 0	
定　价	46.00 元	

(本社图书若有印装质量问题,请直接与营销部联系。电话:025 - 83791830)

前　言

　　岩石是一种复杂材料,也正是这种复杂性吸引了众多的科学工作者。研究全过程曲线,特别是峰值后区特性一直是岩石力学界十分关注的问题,因为无论在理论上,还是在岩体工程的实践方面,它都具有重要意义。对于大量的岩石工程问题而言,所涉及的岩类脆性性质十分明显,以往进行有限元非线性分析一般采用理想弹-脆-塑性模型,能够很好地反映脆性非常明显的岩土材料的峰值后区力学特性。然而,对于脆塑性不是那么理想化而软化速率又大到不满足经典塑性理论中对软化速率的限制的脆塑性岩土材料,采用理想弹-脆-塑性模型分析时必然有一定的误差,且应力坡降越缓,围压越大,误差越明显。为此,在前人工作的基础上,开展在过峰值应力以后的应力跌落过程中,允许应变增量不为零的非理想脆塑性模型研究。

　　全书共分9章。第1章绪论,介绍岩石的全过程曲线和岩石的本构模型,综述了有限元脆塑性分析模型的研究意义和现状以及面向对象有限元方法和无界单元方法的研究现状;第2章介绍岩石应力应变全过程曲线以及关于传统岩石分类的讨论,并在介绍新一代电液伺服自适应控制岩石力学试验机及新的试验结果基础上提炼出脆塑性岩石类材料数值模拟的计算模型;第3章在总结和引用前人成果的基础上,介绍岩石的弹-脆-塑性分析模型以及经典塑性理论对软化材料软化速率的限制,最后阐述了利用塑性位势理论来确定应力跌落的方法以及非理想弹-脆-塑性分析中应力脆性跌落过程中产生的非零应变增量的处理方法;第4章对几种脆性比较明显的岩石的应力脆性跌落系数进行试验研究,并分别给出大理岩和红砂岩的应力脆性跌落系数与围压的关系表达式,对某一大理岩介质中的地下构筑物进行弹塑性、理想脆塑性和非理想脆塑性三维有限元对比分析;第5章对非线性有限元分析中不同屈服条件进行对比研究,并以空心球壳受内外压问题为例进行了数值分析对比;第

6 章研究无界单元方法,分别阐述了映射无界元和衰减无界元的基本原理及其形函数的具体构造方法,总结了几种常用的映射无界元和衰减无界元的形函数,而且详细推导了一种简单而又非常实用的无界单元——6 节点无界元的形函数和其他相关计算公式;第 7 章设计了面向对象三维非线性的弹-脆-塑性有限元分析软件 EBPFEM3D,能进行弹塑性或弹脆塑性有限元计算,能较好地模拟脆塑性岩石的力学性能,可考虑开挖卸荷,可模拟岩体中的不连续面,可模拟岩土工程中经常涉及的无限和半无限域问题;第 8 章应用分析软件对小湾水电站地下硐室群的围岩稳定性采用不同的屈服准则进行了分析,给出了不同屈服准则计算所得的硐室特征部位的位移值和相应于等面积圆的各机组剖面的塑性区域图,验证了研究成果的有效性和实用性;第 9 章总结了本书的研究内容,并展望了脆塑性岩石破坏后区力学特性研究的未来发展方向。

本书可作为土木、水电、桥梁、隧道、岩土力学与工程等工科专业高年级本科生和研究生的教学参考书,亦可供有关科研与工程设计人员参考。

由于作者水平有限,书中难免有错误和疏漏之处,敬请同行、专家和读者批评指正,不胜感激!

本书编写过程中引用了葛修润院士以及郑宏博士、王水林博士、侯明勋博士、卢允德硕士等师兄弟的研究成果,在此特别致谢!

史贵才

常州工学院

2019 年 9 月

目 录

1 绪论

1.1 岩石的全过程曲线与岩石的分类

岩石是一种复杂的材料,也正是这种复杂性吸引了众多的科学工作者。理论源于实践,并需要得到实践的检验。试验是一切科学研究的基础,岩体力学的研究也是从试验开始的。使用岩石力学试验机对圆柱形岩石试件进行单轴或三轴压缩试验是研究岩石的强度和变形特性及岩石发生破裂的发展过程的一种基本试验手段。进行岩石单轴压缩试验时试验机对岩石试件所施加的轴向力和试件轴向变形的关系曲线通常称为力-位移曲线。如果将力和位移换算成名义上的应力和应变,则又可称为应力-应变曲线。众所周知,不管使用何种类型的试验机,通过岩石的单轴压缩试验都可以取得岩石的峰值强度。在达到峰值强度之前的力-位移曲线叫做峰值前区特性曲线。过峰值强度以后的力-位移曲线叫做峰值后区特性曲线。包括前、后区特性曲线在内的完整的力-位移曲线叫做全过程曲线,或称全程曲线。

研究全过程曲线,特别是峰值后区特性一直是岩石力学界十分关注的问题,因为无论在理论上,还是在岩体工程的实践方面,它都具有重要意义。例如,岩体在生成之后受到过多次剧烈的构造运动的作用,都不同程度地受到了破坏,因此在原位上的岩体的材料性质应该说在一定程度上是与岩石的峰值后区性能相当;而在工程实践中,"破裂的岩石",特别是当侧面有支撑时,仍然能够支撑住相当大的负荷。显然,在研究矿柱的稳定性及地下巷道中发生岩爆的可能性时,对岩石的峰值后区特性的深入了解也是十分重要的。

最早的三轴试验是在普通试验机上进行的,将圆柱体岩样放置在液压腔中,利用油压对岩样进行侧向加载,在维持侧限压力(也称围压,confining pressure)不变的同时,对岩样进行轴向压缩。1911 年,Von Karman 发表的 Carrara 大理岩的三轴压缩曲线是标志性的成果[1]。Mogi 采用此方法进行试验,得到了白云岩的三轴试验曲线[2]。随着实验技术的发展,Wawersik 对原有刚性试验机作了改进,采用人工伺服的方法,得到了一系列岩石试样单轴的全过程曲线,并首次在刚性试验机上得到 Tenness 大理岩的三轴压缩全过程曲线,最后指出根据岩样单轴压缩破坏的稳定与否,可以将岩石分为Ⅰ型和Ⅱ型[3]。随后,Gowd T N,Rummel F[4]在刚性试验机上得到某多孔砂岩的三轴脆-延转化特征。Fredrich 研究了方解石类岩石,得到颗粒尺寸对脆-延转化特性的影响[5]。林卓英等对大冶大理岩和江西红砂岩三轴压缩全过程进行了较为系统的研究,着重研究了围压对脆-延转化的影响[6]。Mogi 设计了对长方体柱体试样进行三向不等压加载的真三轴试验机,并从1967 年开始发表了一系列的文章,论述了中间主应力对岩样强度、变形、脆性和延性的作用[7]。邓小亮[8],徐松林等[9]先后研究了大理岩三轴压缩下的全过程曲线及其力学性能。

　　葛修润针对当前试验机的弊病,研制了一套功能多样化、体积小型化的岩石力学多功能试验系统,该试验系统在整体性能上达到了国际先进水平,他在这一系统上进行了大量试验的研究,指出岩石 I 型和 II 型的分类是不适宜的,II 型后区曲线的出现和不够完善的控制方式与试验条件有关,并提出了新的岩石分类方案[10-12]。

1.2　岩石的本构模型

　　试验技术的不断改进使人们能够更进一步认识岩体的特性,计算机技术的迅速发展使得人们对岩体进行分析时能够采用复杂的岩石本构模型,因此,岩石类材料的本构关系长期以来得到了广泛的关注并有了大量的研究成果,已提出的各种本构模型能较好地表达岩石材料在破坏发生以前的行为。不过由于岩体本身的复杂性和岩体力学相对来说较为年轻,当前岩石本构模型的发展落后于土模型,表现为土的模型较多,各种模型能适应不同的土和工程使用,而且这些模型一般均能考虑土的硬化、软化及剪胀特性。但是至今反映岩石变形特性的实用计算模型并不多。因而有专家指出,对于岩石来说,重要的是建立实用模型,这些模型不要太复杂,但应当反映各类岩石的基本特性。岩石材料在受力过程中一般经过弹性、应变硬化、破坏(峰值)、应变软化、残余塑性流动等几个阶段。先前对于岩石类材料,多采用照搬经典的弹塑性力学理论以直接应用于岩石之中,并且对破坏发生以后的材料行为的研究还很不完善,由于结构系统在整体破坏以前就会有局部破坏发生。况且工程的施工就是在结构不断发生局部破坏的前提下进行的,破裂的岩体仍有相当的承载力。因此对岩石强度峰值后区特性的研究是目前岩石类材料本构关系研究的一个热点。

　　为了用数学关系式描述岩石材料在达到强度极限后的应变软化现象并在计算中通过本构关系式表达,众多的学者分别从宏观到微观的角度出发提出种种形式的本构模型,其中应用广泛的有:

　　(1) 弹性-线性软化-残余塑性模型。这一模型首先由日本学者川本眺万[13]提出,这个模型的特点是:在峰前,忽略强化阶段,认为岩石只产生弹性变形,并简化为线性弹性，过峰值后，岩石进入软化段，对于软化段，简化为线性关系。软化阶段以后出现残余塑性阶段，该阶段的塑性简化为理想塑性。根据实验的结果，一些岩石没有明显的残余塑性变形，可以把这个模型简化为弹性-线性软化模型。

这一模型在岩土工程中应用较多[14-19]。方德平等应用该模型，并考虑岩石脆塑性过渡特性，建立了文中所使用的岩石力学模型，推导了在不同外压 P 的作用下出现的软-弹、残-软-弹、残-塑-弹三种情况下的围岩位移和应力公式，并进行了有限元计算，取得了较好结果[14,15]，并在文献[15]应用该模型进行隧道开挖和支护的有限元分析研究，建立了在三个阶段的基本方程。蒋明镜等应用本模型模拟土的应力应变曲线，用三折线模拟体应变、小主应变与大主应变的关系曲线[18]。采用双剪统一强度理论的屈服函数形式，推导并给出了柱形孔扩张时，应力场、应变场和最终扩张压力计算时所需的公式和求解步骤。

（2）弹性-脆性跌落-塑性残余模型。该模型是 Lo 和 Lee 于 1979 年最先在边坡的稳定性计算中采用的，在峰值应力前，仍简化为线弹性；而当应力达到峰值应力后，假定应力从峰值强度面直接跌落到残余强度面上，然后在残余强度面上做塑性流动[20]。这一模型是对线性软化的简化，能够反映脆性比较明显的岩土材料的软化现象，应用比较广泛[21-31]。

（3）临界状态模型。临界状态模型由 Roscoe 等提出[32]，被作为描述土的力学行为的理论基础，后来被引入岩体力学[33]。在岩体力学中，对临界状态的理解是：岩石经过塑性硬化（或软化）之后达到类似理想塑性的一种状态。在此状态下，岩石塑性变形的发展将不再伴有应变硬化（或者软化）特性以及塑性体积变形，也就是说，临界状态就是岩石的塑性体积应变增量为零的状态。周维垣等通过引用非关联流动规则和临界状态理论，建立了岩石的弹塑性本构模型，该模型充分考虑岩石的剪胀，能够处理岩石的先硬化后软化的情况[34]。

（4）弹塑性损伤本构模型。该模型是从损伤力学角度出发，定义某种表征材料内部裂隙的损伤变量，建立起相应的损伤演化方程，导出材料的塑性损伤本构模型。1976 年 Dougill 最早把损伤力学应用于岩石和混凝土。Dragon[35] 利用断裂面概念对岩石和混凝土的连续损伤进行了理论探讨。Krajciaovic[36] 使用热力学和空穴运动学对脆性材料的损伤本构方程进行了较全面的研究。日本 Kyoya Ichikawa 和 Kawamoto 将损伤力学理论引入节理岩体的研究中[37]，用一个二阶对称张量代表岩体中节理裂隙的几何特征。以动力学为基础进行的损伤研究最早见于 Hongliang 和 Ahrens 在实验室通过对冲击荷载作用下岩石的损伤研究，提出用 P 波速来定义损伤变量[38,39]。

1.3　脆塑性岩体的研究现状

众所周知,脆塑性体的基本特征就是在其 $\sigma-\varepsilon$ 曲线上存在一个突变的、不可控的脆性段。推广到复杂应力状态的就是:当使应力点由某一初始弹性态加载到峰值强度面后,将发生突变而迅速跌落至残余强度面上。正是由于屈服面在应力空间中的这种不连续变化而增加了分析的难度。

Lo 和 Lee 于 1973 年在边坡的稳定性计算中采用过线弹性-脆性跌落-塑性残余模型,假定应力从峰值强度面直接跌落到残余强度面上,为广大研究人员指明了一个有前景的研究方向[20]。Dems 和 Mroz 于 1985 年也提出了该模型[21]。但是,由峰值强度面到残余强度面的应力跌落方式一直是有限元分析中争论的一个焦点。其后,研究人员提出过很多种假想的应力跌落方式,然而,不同的应力路径所得的结果往往相去甚远。为了回避应力跌落方式的不确定性,部分学者仍将脆性破坏作为连续的应变软化模型来处理[40],但是这显然有违于脆性岩石的变形特征。因为脆塑性体由峰体强度面到残余强度面不是一个渐近过程,而是突发的和不可控的,跌落后的峰值强度也是不可恢复的,而用连续的应变软化模型显然是不能刻画这些特征的。再者,即使将其视为连续的应变软化模型,也不能取真实的软化段来进行计算。已有部分学者,如 Pietruszczak 和 Mroz[41],Prevost 和 Hughes[42] 等从理论及计算上证明:当材料的软化速率较大时,会使得塑性力学问题的解不唯一。郑宏等还证明,当软化速率较大时,还会使得经典意义下的本构积分无法进行[24,25]。刘文政于 1989 年提出了利用塑性位势理论来确定应力跌落过程的方法[22]。郑宏于 1993 年结合三峡工程课题也独立发现了该方法。后来郑宏等还证明了脆塑性体仍然满足 Ⅱ′yushin 公设,给用塑性位势理论来确定应力跌落过程的方法找了一个理论基础[24,25]。近年来,对弹脆性岩石类材料力学性能的研究得到越来越多国内学者的重视,也取得了大量的研究成果[43-73]。在各种各样的实验研究基础上,采用不同的特征指标对脆性显著的岩石类材料峰值后区特性进行概念描述和数值模拟研究见表 1.1,但是大多处于理论与实验研究阶段,能够真正应用于数值模拟的成果尚不多见,特别是非理想脆塑性模型的研究仍然有待继续深入。

表 1.1　常见描述脆性材料应力跌落效应方法汇总表

参考文献	试验方法	脆性指标	备注
Hucka and Das[74]; Kahraman[75]; Altindag[76]	单轴压缩试验和巴西试验	$B_1 = \sigma_c / \sigma_t$	σ_c——单轴抗压强度 σ_t——单轴抗拉强度

（续表 1.1）

参考文献	试验方法	脆性指标	备注
Honda H. and Sanada Y[77]； Hucka and Das	硬度试验	$B_1=(H_\mu-H)/K$	H_μ——微观压痕硬度 H——宏观压痕硬度 K——体积模量
Heinze G.[78]； Hucka and Das	硬度试验	$B_1=(H_\mu-H)/2.6$	H_μ——微观压痕硬度 H——宏观压痕硬度
Baron et al.[79]； Hucka and Das	应力应变试验	$B_1=W_r/W_t$	W_r——破坏时弹性应变 　　能量 W_t——破坏时总能量
Protodyakonov[80]； Hucka and Das	Protodyakonov 冲击试验	$B_1=q\sigma_c$	q——冲击试验形成的 　　直径小于 0.6 mm 　　碎片百分比 σ_c——单轴抗压强度
Coates[81]； Hucka and Das	应力应变试验	$B_1=\varepsilon_r/\varepsilon_t$	ε_r——破坏点的总应变 ε_t——破坏点的弹性应 　　变
Bishop[82]	应力应变试验	$B_1=(\tau_p-\tau_r)/\tau_p$	τ_p——峰值抗剪强度 τ_r——残余抗剪强度
Reichmuth[83]	点荷载试验	$B_1=K_b,K_sP/h^2=S_t-K_bP$	K_b——相对脆性指标 K_s——形状因子 P——破坏荷载 h——加载点间距 S_t——抗拉强度
Hucka and Das； Kahraman	单轴压缩试验和 巴西试验	$B_1=(\sigma_c-\sigma_t)/(\sigma_c+\sigma_t)$	σ_c——单轴抗压强度 σ_t——单轴抗拉强度
Hucka and Das	莫尔包线	$B_1=\sin\varphi$	φ——莫尔包线上法向应 　　力为零时内摩擦角
Hucka and Das	斜剪试验	$B_1=45°-\varphi/2$	φ——莫尔包线上法向应 　　力为零时内摩擦角
Lawn and Marshall[84]	硬度和断裂韧性 试验	$B_1=H/K_{IC}$	H——硬度 K_{IC}——断裂韧性
Martin CD[85]； Gong and Zhao[86]	应力应变试验	$B_1=\varepsilon_{1i}\times100\%$	ε_{1i}——不可恢复轴向应 　　变
Quinn[87]	硬度、应力应变 和断裂韧性试验	$B_1=HE/K_{IC}^2$	H——硬度 E——弹性模量 K_{IC}——断裂韧性
Bruland[88]	TBM 冲击试验	$B_1=S_{20}$	S_{20}——小于 11.2 mm 　　的碎片百分比

参考文献	试验方法	脆性指标	备注
Altindag[76,89]	单轴压缩试验和巴西试验	$B_1 = \sigma_c \times \sigma_t/2$	σ_c——单轴抗压强度 σ_t——单轴抗拉强度
Hajiabdolmajid and Kaiser[90]	应力应变试验	$B_1 = (\varepsilon_f^p - \varepsilon_c^p)/\varepsilon_c^p$	ε_f^p——摩擦强化所需塑性应变 ε_c^p——粘聚力损失所需塑性应变
Copur et al.[91]	贯入试验	$B_1 = P_{dec}/P_{inc}$	P_{dec}——平均力衰减周期 P_{inc}——平均力增量周期
Jarvie et al.[92]; Miskimins[93]	矿物学测井或实验室 X - 衍射技术	$B_1 = W_{qzt}/(W_{qzt} + W_{carb} + W_{clay})$	W_{qzt}——石英含量 W_{carb}——黏土含量 W_{clay}——碳酸盐矿物含量
Rickman et al.[94]	密度和声波测井数据	$B_1 = \left(\dfrac{YMS\_C - 1}{8 - 1} + \dfrac{PR\_C - 0.4}{0.15 - 0.4} \right)/2$	YMS_C——杨氏模量的复合式 PR_C——泊松比的复合式
Suorineni et al.[95]	矿物学测井或实验室 X-衍射技术	$B_1 = S_F G_F F_F$	S_F——刚度因子 G_F——纹理因子 F_F——片理因子
Wang and Gale[96]	矿物学测井或实验室 X-衍射技术	$B_1 = (W_{qzt} + W_{dol})/W_{total}$	W_{qzt}——石英含量 W_{dol}——黏土和白云石含量 W_{total}——矿物总重
Yagiz[97]	贯入试验	$B_1 = F_{max}/P$	F_{max}——最大贯入力 P——最大力下贯入深度
Altindag[98]	单轴压缩试验和巴西试验	$B_1 = \sqrt{\sigma_c \times \sigma_t}/2$	σ_c——单轴抗压强度 σ_t——单轴抗拉强度
Tarasov and Potvin[99]	应力应变试验	$B_1 = E/M$	E——弹性模量 M——峰后模量
Tarasov and Potvin[99,100]	应力应变试验	$B_1 = (M - E)/M$	E——弹性模量 M——峰后模量
Meng et al.[101]	应力应变试验	$B_d = \dfrac{(\tau_p - \tau_r)}{\tau_p} \dfrac{\lg\|k_{ac}(AC)\|}{10}$ $B_f = (\tau_p - \tau_r)\dfrac{\lg\|k_{ac}(BC)\|}{10}$	τ_p——峰值抗剪强度 τ_r——残余抗剪强度 $k_{ac}(AC)$——初始屈服点与残余强度起始点连线的斜率 $k_{ac}(BC)$——峰值强度到残余强度的跌落速率

参考文献	试验方法	脆性指标	备注
Jin et al.[102]	矿物学测井或实验室 X-衍射技术	$B_1 = (W_{QFM} + W_{Carb})/W_{Tot}$	W_x——组分的质量分数 W_{QFM}——石英＋长石＋云母 W_{Carb}——碳酸盐质量 W_{Tot}——各组分总质量
Rybacki et al.[103]	应力应变试验	$B_1 = H/E$	H——硬化模量 E——弹性模量

1.4　面向对象有限元法的研究现状

现代计算技术在计算能力和存储容量上的革命仅仅提供了计算更复杂问题的有效工具,而程序的高效性要求是永远不会过时的。

面向对象有限元是面向对象程序设计方法与有限元技术相结合的产物。利用面向对象的方法来研究有限元,是对有限元新方法有益的尝试和创新性发展,必将大大地改进有限元软件的性能,提高有限元软件的开发效率。由于面向对象方法的数据抽象和封装、继承与重载、多态等技术以及面向对象的程序类与类之间的强内聚性和低耦合性,可以在相当程度上避免传统的面向过程或结构化有限元软件的难重用、难移植、难排错等情况的发生,这对构造大系统是很有好处的。

面向对象有限元方法(OOFEM)的研究始于 20 世纪 80 年代后期,它是一门初露端倪的科学。在国际上,Rehak 和 Baugh 于 1989 年提出了有限元程序设计的新技术——面向对象的方法[104],并且从知识工程的角度研究了这种方法,建立了有限元分析的一个类库。Peskin 和 Russo(1988)用面向对象方法设计了三个基本类:Problem、Domain 和 Equation[105]。Miller(1988),Forde,Foschi 和 Stiemer(1990)研究了面向对象有限元程序的原型[106,107]。Forde 等的原型把对象分成节点、单元、边界位移、材料、形函数、元素及元素组等,每一种对象都有独立处理数据的能力,并建立了向量类和矩阵类。对象的组织结构采用链表结构,计算中采用的链表主要有对象链表、材料链表、节点链表、边界位移链表、边界力链表和元素组链表。Forde 等还对面向对象的有限元方法和传统的有限元方法做了比较。Fenves(1990)在面向对象有限元程序设计的复杂算法方面研究了用面向对象的概念来对节点重新编号的方法[108],指出了面向对象的程序设计在开发工程软件方面的优点,即它的数据抽象技术具有很大的灵活性,程序模块化程度高,代码的重用性强。Mackie(1992)提出了扩展的有限元对象[109],并且指出:面向对象的方法在有限元问题的应用中,可以提高有限元程序的模块化程度,减少错误的产生,并使程序设计的思路更为清晰化。Zimmermann,Dubois-Pèlerin 和 Bomme(1992—1993)研究了面向对象有限元编程的控制规则,并用 Smalltalk 语言编制了面向对象有限元程序的原型和利用 C++语言实施的提高计算效率的原型[110,111]。Ju 和 Hosain(1994)运用面向对象的概念来设计有限元的子结构[112]。Mackie 运用对象的概念开发了一个可以表述有限元数学方法的系统[113],这个系统使得矩阵、方程组可以由继承得到。上述的一系列相关研究成果使世人逐渐认识到面向对象的方法设计有限元程序相对于传统的面向过程的有限元程序有着许多优势,并催生了一些能够进入实际应用的面向对象有限元程序。1994 年,Rihaczek 等人提供了一个用 OOFEM 解决热传导问题的实例[114],作者提出用一个 Assemblage 类来联接有限元模型类和分析类,两者之间通过该类相互作用和进行数据传递。该类还负责单元和节点之间拓扑关系的建立、荷载和约束的处理等等。1995 年 Meissner,Diaz 和 Schönenborn 运用 OOFEM 对一个三维岩土工程问题进行了分析[115]。Werner,Mackert 和 Stark(1995)研究了在隧道工程中如何用面向对象的模型来设计与分析问题[116]。

在国内,面向对象有限元的研究工作跟进比较早,其中西南交通大学做的工作比较深入和具体。崔俊芝、梁俊等简要介绍了面向对象有限元的基本概念,并通过面向对象分析和设计提出了一些类,如形状函数类、高斯类和元素类等,对象的组织也建议采用链表结构[117]。周本宽等指出"与传统的有限元程序(通常采用FORTRAN)相比,面向对象有限元程序更加结构化、更易于编写、更易于维护和扩充,程序代码的可重用成分更大,它为开发大型有限元分析软件提供了一条新途径",同时着重提出了普通有限元程序当中类设计的一种新思路[118]。除此之外,这篇文献当中设计了一套较为完善的有限元分析系统,其中包括节点类 Node、材料类 Material、载荷类 Load、高斯积分类 Gauss、形函数类 ShapeFun、单元类 Element等等。周本宽等[118]及其后曹中清[119,120]研究的都是线性静力学方面的 OOP 程序设计。李会平等[121]以曹中清的论文为基础结合弹塑性有限元分析基本步骤,运用面向对象基本特性继承了曹中清论文中的几个有限元类,形成了新的弹塑性有限元分析方法类。文中提供了一个可以扩充已有有限元类库的方法,体现了面向对象编程方法的巨大优越性。孔详安等对有限元计算中的一些数学对象给出了面向对象的分析,主要提出了事件类、几何形状类和物理特性类,派生新元素时需要从几何形状类和物理特性类多重继承,同时还指出利用面向对象的方法可以方便有限元的程序的编写并且有利于程序的维护和扩展[122-124]。

张向等[125]给出了一个面向对象的有限元程序设计的实例。作者给出了节点类、节点边界条件类、节点力类、节点数据类、材料类、形函数类和单元类的接口定义,并且还给出了一个简单的矩阵运算库。项阳等[126,127]给出了面向对象有限元方法在岩土工程中的应用给予了充分的肯定,并给出了类层次的划分,即将系统分为节点、单元、材料、荷载、约束条件、形函数和高斯点等类组成。最后作者给出了一个面向对象有限元方法在某工程基坑中的应用。陈健[128]提出了面向对象的三维有限元程序初步设计。作者将有限元分析分为描述有限元分析的整体数据的总体类和节点类以及单元类,并给出这三种类定义的具体接口定义。

面向对象有限元程序设计方法在国内已经取得相当进展,公开发表了大量的科技文献,并且产生了一批优秀的硕士及博士学位论文[127-131]。我国研究工作者已经在该领域内做了不少贡献,与国际先进研究基本处于同一水平。

1.5　无界单元法的研究现状

在大量的岩土工程有限元分析中,经常遇到计算区域为无限介质或半无限介质问题,其真实的边界条件是无穷远处位移为零。在有限元分析中引入无界元方法,往往只要截取很小的计算范围就够得到满足计算精度要求且符合无穷远处位移为零的边界条件的结果,为准确模拟无限域或半无限域问题提供了简单而有效的计算手段。

无界元也称为无限元,根据其实现无限域积分的方法的不同,可以划分为两类,即映射无界元和衰减无界元(又称为乘子型无界元)。映射无界元是 Zienkiewicz 提出的坐标变换和位移采用不同的插值函数的一种计算方法,通过映射坐标实现无限域的积分,直接在映射坐标中建立位移函数而满足无限远处位移为零的边界条件;衰减无界元则主要是通过拉格朗日插值函数与衰减函数的乘积来构造形函数,基本思想是适当选择单元形函数,使某维局部坐标趋近于 1 时,整体坐标趋向无穷大,从而使实际计算范围伸向无限远;同时,合理地选择位移衰减函数,使无限远处位移趋近于零,从而实现无限远处位移为零的边界条件[132]。

无界元的基本概念最先是由 Ungless 于 1973 年提出来的,他把位移场表示为一个插值函数与解析衰减函数的乘积,使得其位移在近域与有限元吻合,而在无限远处为零,但是,他没有引入坐标映射技术[133]。Zienkiewicz 等人 1977 年用有限元和无限元方法研究了表面波的衍射和折射问题[134]。Bettess 等人在无限元中引入坐标映射的概念,并指出无限元与有限元的坐标映射函数可以相同[135]。Beer 和 Meek 于 1981 年在上述无限元概念的基础上采用了新的衰减函数和坐标映射技术[136]。1983 年 Zienkiewicz 等人利用局部坐标与总体坐标的映射关系,将无限元映射成形状规则的有限元[137]。

在我国,吕明(1985)研究了无界元及其在工程中的应用[138]。葛修润等(1986)提出了一种三维无限单元和无限节理单元[139],用于模拟地下硐室围岩与结构地基中的节理,并提出 $1/r^n$ 型的衰减函数。张楚汉等用无限元研究了断层对重力坝地基的影响[140],赵崇斌等用无限元模拟半无限平面弹性地基[141]。张镜剑等(1991)研究了变结点无界元和有限元耦合模型并应用于三维弹塑性分析,指出无界元完全可以适应弹塑性分析[142]。燕柳斌在映射无限元方面做了不少工作,将映射无限元应用于大量的涉及无限、半无限区域的工程中,并不断发展该方法[143-150]。张建辉等进一步修正了前人的无限元模型[151,152]。为了解决角点等特殊部位的无限元映射问题,燕柳斌、王后裕等[153,154]发展了双向甚至三向无限元模型。近几年来,无限元方法还逐渐被应用到动力分析和地震反应分析中[155-157]。

目前,无界元方法的研究已经取得了丰富的成果,建立了多种不同的模型,并且已经从一维发展到三维,从单向映射发展到双向甚至三向映射,从静力分析发展到动力分析。因为扩大计算范围可以在一定程度上削弱"边界效应"对计算敏感区域计算结果的影响。近年来,随着计算机运算速度的提高,扩大计算范围成为可能,从而导致无界元的研究工作有被逐渐轻视的倾向。然而作者认为,无界单元作为一种非常实用的单元,仍然是值得肯定和推荐的。我们与其把有限的计算资源花在对实际工程没有什么参考价值的扩大计算区域上,不如引入无界元,然后在我们所关心的、具有更高参考价值的敏感区域划分更多的节点和更细密的计算单元。

1.6　主要内容

岩石是一种复杂材料。使用岩石力学试验机对圆柱形岩石试件进行单轴或三轴压缩试验是研究岩石的强度和变形特性及岩石裂隙发展过程的一种基本试验手段。研究全过程曲线,特别是峰值后区特性一直是岩石力学界十分关注的问题,因为无论在理论上,还是在岩体工程的实践方面,它都具有重要意义。对于大量的岩石工程问题而言,所涉及的岩类脆性性质十分明显,以往在进行有限元非线性分析时一般采用理想弹-脆-塑性模型,能够很好地反映脆性非常明显的岩土材料的峰值后区力学特性。然而,对于脆塑性不是那么理想化而软化速率又大到不满足经典塑性理论中对软化速率的限制的脆塑性岩土材料,采用理想弹-脆-塑性模型分析时必然有一定的误差,且应力坡降越缓,围压越大,误差越明显。为此,开展在过峰值应力以后的应力跌落过程中,允许应变增量不为零的非理想脆塑性模型的研究。全书共分9章。

第1章绪论,介绍岩石的全过程曲线和岩石的本构模型,综述了有限元脆塑性分析模型的研究的意义和现状以及面向对象有限元方法和无界单元方法的研究现状。

第2章介绍岩石应力应变全过程曲线。首先介绍岩石的全过程曲线以及关于传统岩石分类的讨论,在介绍了新一代电液伺服自适应控制岩石力学试验机及新的试验结果基础上提炼出脆塑性岩石类材料数值模拟的计算模型。

第3章阐述脆塑性岩体分析原理。在总结和引用前人成果的基础上,介绍了岩石的弹-脆-塑性分析模型以及经典塑性理论对软化材料软化速率的限制,最后阐述了利用塑性位势理论来确定应力跌落的方法以及非理想弹-脆-塑性分析中应力脆性跌落过程中产生的非零应变增量的处理方法。

第4章对几种脆性比较明显的岩石的应力脆性跌落系数进行试验研究。首先介绍了试验的目的,然后介绍了试验的设备和试验方法,最后分别对大理岩、红砂岩和花岗岩进行了应力脆性跌落系数的试验研究,并给出了大理岩和红砂岩的应力脆性跌落系数与围压的关系表达式。并且对一大理岩介质中的地下构筑物进行了弹塑性、理想脆塑性和非理想脆塑性三维有限元对比分析。

第5章对非线性有限元分析中不同屈服条件进行了对比研究。首先对莫尔-库仑准则和广义 Von Mises 条件进行了回顾,然后在 π 平面上对它们进行了对比研究,最后对空心球壳受内外压问题进行了不同屈服条件的对比研究。

第6章研究无界单元方法。首先对无界单元方法进行了系统的回顾与总结,并分别阐述了映射无界元和衰减无界元的基本原理及其形函数的具体构造方法,然后总结了几种常用的映射无界元和衰减无界元的形函数,而且详细推导了一种简单而又非常实用的无界单元——6 节点无界元的形函数和其他相关计算公式,最后用一个算例验证了相关公式和程序的正确性。

第7章设计了面向对象三维非线性的弹-脆-塑性有限元分析软件 EBPFEM。首先在对具体的有限元分析过程进行详细分析的基础上建立了面向对象有限元弹-脆-塑性分析的面向对象模型,然后分别给出了有限元整体类、单元类、节点类、高斯积分点类和材料类的具体接口。

第8章将应用面向对象方法开发的有限元三维弹-脆-塑性分析软件 EBPFEM3D 对小湾水电站地下硐室群的围岩稳定性采用不同的屈服准则进行了分析,给出了不同屈服准则计算所得的硐室特征部位的位移值和相应于等面积圆的各机组剖面的塑性区域图。

第9章总结了本书的研究内容,并展望了脆塑性岩石破坏后区力学特性研究的未来发展方向。

参 考 文 献

[1]　Von Karman T. Festigkeitsversuche unter allseitgem Druck[J]. Zeitschr. Ver. Dentsch.

Ing,1911,55:1749－1757.

[2] Mogi K. Fracture and flow of rocks under high triaxial compression[J]. Journal of Geophysical Research Atmospheres,1971,76(5):1255－1269.

[3] Wawersik W R,Fairhurst C. A study of brittle rock fracture in laboratory compression experiments[J]. International Journal of Rock Mechanics and Mining Sciences & Geomechanics Abstracts,1970,7(5):561－575.

[4] Gowd T N,Rummel F. Effect of confining pressure on the fracture behaviour of a porous rock[J]. International Journal of Rock Mechanics and Mining Sciences & Geomechanics Abstracts,1980,17(4):225－229.

[5] Fredrich J T, Evans B, Wong T F. Effect of grain size on brittle and semibrittle strength: Implications for micromechanical modelling of failure in compression[J]. Journal of Geophysical Research Atmospheres,1990,95,907－920.

[6] 林卓英,吴玉山,关伶俐. 岩石在三轴压缩下脆-延性转化的研究[J]. 岩土力学,1992,13(2):45－53.

[7] Mogi K. Effect of the intermediate principal stress on rock failure[J]. Journal of Geophysical Research Atmospheres,1967,72(20):5117－5131.

[8] 邓小亮. 三轴压缩下大理岩应力-应变全过程的力学特性的试验研究[J]. 桂林冶金地质学院学报,1993,13(3):272－277.

[9] 徐松林,吴文,王文印,等. 大理岩等围压三轴压缩全过程研究Ⅰ:三轴压缩全过程和峰前、峰后卸围压全过程实验[J]. 岩石力学与工程学报,2001,20(6):763－767.

[10] 葛修润,周伯海,刘明贵,等. 电液伺服自适应控制岩石力学试验机及其对岩石力学某些问题研究的意义[J]. 岩土力学,1992,13(2,3):8－13.

[11] 葛修润. 关于岩石全过程曲线分类的新见解[C]//中国土木工程学会. 首届全国岩土力学与工程青年工作者学术讨论会论文集. 杭州:浙江大学出版社,1992:30－35.

[12] 葛修润,周伯海,刘明贵,等. 岩石峰值后区特性和数值模拟方法的探讨[C]//中国岩石力学与工程学会. 计算机方法在岩石力学及工程中的应用国际学术讨论会论文集. 武汉:武汉测绘科技大学出版社,1994:689－694.

[13] 川本眺万. ひすみ软化を考虑した岩盘掘削の解析[C]//土木学会论文集. 1981,第312号:107－117.

[14] 方德平. 岩石应变软化的有限元计算[J]. 华侨大学学报(自然科学版),1991,12(2):177－181.

[15] 方德平,汪浩. 考虑岩石脆-塑过渡特性的地下硐室受力分析[J]. 地下空间,1991,11(1):15－22.

[16] 王兵,陈炽昭,张金荣. 考虑岩石应变软化特性隧道的弹-塑性分析[J]. 铁道学报,1992,14:86－95.

[17] 罗晓辉,何立红. 土体应变软化特性的桩孔扩张弹塑性解析[J]. 武汉城市建设学院学报,1998,15(1):16－20.

[18] 蒋明镜,沈珠江. 考虑剪胀的线性软化柱形孔扩张问题[J]. 岩石力学与工程学报, 1997,16(6):550 - 557.

[19] 张承柱,李朝弟,刘信声. 考虑材料软化时圆板的承载特性[J]. 应用力学学报,1996, 13(3):12 - 19.

[20] Lo K Y,Lee C F. Stress analysis and slope stability in strain-softening materials[J]. Geotechnique,1973,23(1):1 - 11.

[21] Dems K,Mróz Z. Stability conditions for brittle-plastic structures with propagating damage surfaces[J]. Journal of Structural Mechanics,1985,13(1):95 - 122.

[22] 刘文政. 脆塑性结构极限载荷的计算与工程应用[D]. 北京:清华大学,1989.

[23] 沈新普,岑章志,徐秉业. 弹脆塑性软化本构理论的特点及其数值计算[J]. 清华大学 学报(自然科学版),1995,35(2):22 - 27.

[24] 郑宏,葛修润,李焯芬. 脆塑性岩体的分析原理及其应用[J]. 岩石力学与工程学报, 1997,16(1):8 - 21.

[25] 郑宏. 岩土力学中的几类非线性问题[D]. 武汉:中国科学院武汉岩土力学研究 所,2000.

[26] 任放,盛谦. 弹脆塑性理论与三峡工程船闸开挖数值模拟[J]. 长江科学院院报,1999, 16(4):6 - 14.

[27] 蒋明镜,沈珠江. 考虑材料应变软化的柱形孔扩张问题[J]. 岩土工程学报,1995,17 (4):10 - 19.

[28] 蒋明镜,沈珠江. 考虑材料软化特性的地基承载力分析计算[J]. 南京水利科学研究 院水利水运科学研究,1996(1):42 - 47.

[29] 蒋明镜,沈珠江. 考虑剪胀的弹脆塑性软化球形孔扩张问题[J]. 江苏农学院报,1996, 17(1):83 - 90.

[30] 蒋明镜,沈珠江. 岩土类软化材料的柱形孔扩张统一解问题[J]. 岩土力学,1996,17 (1):1 - 8.

[31] 阎金安,张宪宏. 岩石材料应变软化模型及有限元分析[J]. 岩土力学,1990,11(1): 19 - 27.

[32] Roscoe K H,Schofield A N,Worth C P. On the yielding of soils[J]. Geotechnique, 1958,8(1):22 - 53.

[33] Gerogiannopoulos N G,Brown E T. The critical state concept applied to rock[J]. International Journal of Rock Mechanics and Mining Sciences & Geomechanics Abstracts,1978,15(1):1 - 10.

[34] 周维垣,孙卫军. 岩石的临界状态非关联弹塑性本构模型[J]. 岩石力学与工程学报, 1990,9(1):1 - 10.

[35] Dragon A,Mróz Z. A continuum model for plastic-brittle behaviour of rock and concrete[J]. International Journal of Engineering Science,1979,17(2):121 - 137.

[36] Krajcinovic D,Fonseka G U. The continuous damage theory of brittle materials, part

1:general theory[J]. Journal of Applied Mechanics,1981,48(4):809 - 815.

[37] Kyoya T,Ichikawa Y and Kawamoto T. A damage mechanics theory for discontinuous rockmass[C]//Proceedings of 5th International Conference on Numerical Methods in Geomechanics,1985: 469 - 480.

[38] He H L,Ahrens T J. Mechanical properties of shock-damaged rocks[J]. International Journal of Rock Mechanics and Mining Sciences & Geomechanics Abstracts,1994,31 (5):525 - 533.

[39] Rubin A M,Ahrens T J. Dynamic tensile failure induced velocity deficits in rock[J]. Geophysical Research Letters,1991,18(2): 219 - 223.

[40] 殷有泉. 固体力学非线性有限元引论[M]. 北京:北京大学出版社,1987.

[41] Pietruszczak S,Mróz Z. Finite element analysis of deformation of strain-softening materials[J]. International Journal for Numerical Methods in Engineering,1981,17(3): 327 - 334.

[42] Prevost J H, Hughes T J. Finite element solution of elastic-plastic boundary value problems[J]. Journal of Applied Mechanics,1984,48:69 - 74.

[43] 徐涛,唐春安,张哲,等. 单轴压缩条件下脆性岩石变形破坏的理论、试验与数值模拟 [J]. 东北大学学报(自然科学版),2003,24(1):87 - 90.

[44] 谢兴华,速宝玉,詹美礼. 基于应变的脆性岩石破坏强度研究[J]. 岩石力学与工程学 报,2004,23(7):1087 - 1090.

[45] 谢兴华,速宝玉,詹美礼. 基于应变的岩石类脆性材料损伤研究岩石力学与工程学报 [J]. 2004,23(12):1966 - 1970.

[46] 李银平,曾静,陈龙珠,等. 含预制裂隙大理岩破坏过程声发射特征研究[J]. 地下空 间,2004,24(3):290 - 293.

[47] 李春光. 脆性岩石强度问题及其结构面模拟[D]. 武汉:中国科学院武汉岩土力学研 究所,2005.

[48] 吕明,李广平,王玉玲. 脆性岩石单轴压缩变形强度的试验[J]. 岩矿测试,2005,24 (1):71 - 74.

[49] 张德海,朱浮声,邢纪波,等. 岩石类非均质脆性材料破坏过程的数值模拟[J]. 岩石 力学与工程学报,2005,24(4):570 - 574.

[50] 赵伏军,李夕兵,冯涛. 动静载组合破碎脆性岩石试验研究[J]. 岩土力学,2005,26 (7):1038 - 1042.

[51] 王士民,刘丰军,叶飞,等. 含预制裂纹脆性岩石破坏数值模拟研究[J]. 岩土力学, 2006,27(S1):235 - 238.

[52] 王士民,朱合华,冯夏庭,等. 细观非均匀性对脆性岩石材料宏观破坏形式的影响 [J]. 岩土力学,2006,27(2):224 - 227.

[53] 王水林,李春光,史贵才,等. 小湾水电站地下厂房硐室群弹脆塑性分析[J]. 岩石力 学与工程学报,2005,24(24):4449 - 4454.

[54] 林鹏,王仁坤,黄凯珠,等.含裂纹缺陷脆性岩石的峰值强度模型[J].清华大学学报(自然科学版),2006,46(9):1514-1517.

[55] 周建军,邵建富.脆性岩石的粘弹性损伤模型研究[J].人民长江,2006,37(11):117-120.

[56] 梁忠雨,高峰,钟卫平,等.岩石脆性断裂试验的声发射分析[J].矿业工程,2007,5(2):16-17.

[57] 费辉阳,徐松林,唐志平.岩石类脆性材料冲击性能研究[J].岩石力学与工程学报,2007,26(S1):3416-3420.

[58] 周建军,周辉,邵建富.脆性岩石各向异性损伤和渗流耦合细观模型[J].岩石力学与工程学报,2007,26(2):368-373.

[59] 刘善军,吴立新.脆性岩石与有机玻璃受力红外辐射特征的比较[J].岩石力学与工程学报,2007,26(S2):4183-4188.

[60] 王志,饶秋华,谢海峰.脆性岩石反平面剪切(Ⅲ型)断裂机理的有限元分析[J].湖南理工学院学报(自然科学版),2007,20(2):75-77.

[61] 杨小艳,王岳,黄达.大型硬岩地下硐室围岩二次应力场特征弹脆塑性分析[J].水文地质工程地质,2007,34(5):6-10,32.

[62] 谢海峰,饶秋华,王志.反平面剪切(Ⅲ型)加载下脆性岩石的断口分析[J].岩石力学与工程学报,2007,26(9):1832-1839.

[63] 黄书岭,冯夏庭,张传庆.脆性岩石广义多轴应变能强度准则及试验验证[J].岩石力学与工程学报,2008,27(1):124-134.

[64] 叶勇,徐西鹏.岩石类脆性材料的离散元建模方法研究[J].郑州轻工业学院学报(自然科学版),2008,23(5):62-66.

[65] 王学滨.峰后脆性对非均质岩石试样破坏及全部变形的影响[J].中南大学学报(自然科学版),2008,39(5):1105-1111.

[66] 张晓君,靖洪文,郑怀昌.平面应力和平面应变条件下的岩石脆性研究[J].矿业研究与开发,2008,28(5):9-10,35.

[67] 朱泽奇,盛谦,张占荣.脆性岩石侧向变形特征及损伤机理研究[J].岩土力学,2008,29(8):2137-2143.

[68] 胡大伟,朱其志,周辉,等.脆性岩石各向异性损伤和渗透性演化规律研究[J].岩石力学与工程学报,2008,27(9):1822-1827.

[69] 谢海峰,饶秋华,谢强,等.脆性岩石高温剪切(Ⅱ型)断裂的微观机理[J].中国有色金属学报,2008,18(8):1534-1540.

[70] 刘志成.脆性岩石三轴卸荷实验研究[J].华北科技学院学报,2009,6(3):10-12.

[71] 潘鹏志,冯夏庭,周辉.脆性岩石破裂演化过程的三维细胞自动机模拟[J].岩土力学,2009,30(5):1471-1476.

[72] 张军,杨仁树.深部脆性岩石三轴卸荷实验研究[J].中国矿业,2009,18(7):91-93.

[73] 吕森鹏,陈卫忠,贾善坡,等.脆性岩石破坏试验研究[J].岩石力学与工程学报,2009,

28(S1):2772 - 2777.

[74] Hucka V, Das B. Brittleness determination of rocks by different methods[J]. International Journal of Rock Mechanics and Mining Sciences & Geomechanics Abstracts, 1974,11(10):389 - 392.

[75] Kahraman S. Correlation of TBM and drilling machine performances with rock brittleness[J]. Engineering Geology,2002,65(4):269 - 283.

[76] Altindag R. The evaluation of rock brittleness concept on rotary blast hole drills[J]. Journal of the Southern African Institute of Mining and Metallurgy, 2002, 102: 61 - 66.

[77] Honda H, Sanada Y. Hardness of coal[J]. Fuel, 1956,35(4):451 - 461.

[78] Heinze G. Bergbau Archly[J]. 1958,19:71 - 93.

[79] Baron L I,Loguntsov B M,Posin E Z. Determination of properties of rocks[M]. Gosgortekhizdat,Moscow. 1962.

[80] Protodyakonov M M. Mechanical properties and drillability of rocks[C]//In Proceedings of the Fifth Symposium on Rock Mechanics,University of Minnesota,Minneapolis,1962:103 - 118.

[81] Coates D F,Parsons R C. Experimental criteria for classification of rock substances [J]. International Journal of Rock Mechanics and Mining Sciences & Geomechanics Abstracts,1966,3(3):181 - 189.

[82] Bishop A W. Progressive failure with special reference to the mechanism causing it [C]//In:Proceedings of the geotechnical conference,Oslo:Norwegian Geotechnical Institute. 1967,2:142 - 150.

[83] Reichmuth D R. Point load testing of brittle materials to determine tensile strength and relative brittleness[C]//The 9th US Symposium on Rock Mechanics(USRMS), Golden,Colorado,April 1967. American Rock Mechanics Association,134 - 159.

[84] Lawn B R,Marshall D B. Hardness,toughness,and brittleness:an indentation analysis [J]. Journal of the American ceramic society,1979,62(7/8):347 - 350.

[85] Derek Martin C. Brittle failure of rock materials:test results and constitutive models [J]. Canadian Geotechnical Journal,1996,33(2):378.

[86] Gong Q M,Zhao J. Influence of rock brittleness on TBM penetration rate in Singapore granite[J]. Tunnelling and Underground Space Technology,2007,22(3):317 - 324.

[87] Quinn J B,Quinn G D. Indentation brittleness of ceramics:a fresh approach[J]. Journal of Materials Science,1997,32(16):4331 - 4346.

[88] Bruland A. Hard rock tunnel boring[D]. Norwegian University of Science and Technology,Trondheim,1998.

[89] Altindag R. The role of rock brittleness on analysis of percussive drilling performance (in Turkish)[C]//Proceedings of 5th National Rock Mechanics,2002:105 - 112.

[90] Hajiabdolmajid V, Kaiser P. Brittleness of rock and stability assessment in hard rock tunneling[J]. Tunneling and Underground Space Technology, 2003, 18(1): 35 - 48.

[91] Copur H, Bilgin N, Tuncdemir H, et al. A set of indices based on indentation tests for assessment of rock cutting performance and rock properties[J]. Journal of The Southern African Institute of Mining and Metallurgy, 2003, 103: 589 - 599.

[92] Jarvie D M, Hill R J, Ruble T E, et al. Unconventional shale-gas systems: The Mississippian Barnett Shale of north-central Texas as one model for thermogenic shale-gas assessment[J]. AAPG Bulletin, 2007, 91(4): 475 - 499.

[93] Miskimins J L. The impact of mechanical stratigraphy on hydraulic fracture growth and design considerations for horizontal wells[J]. Bulletin, 2012, 91: 475 - 499.

[94] Rickman R, Mullen M J, Petre J E, et al. A practical use of shale petrophysics for stimulation design optimization: all shale plays are not clones of the barnett shale [C]//SPE Annual Technical Conference and Exhibition, Denver, Colorado, USA. Society of Petroleum Engineers, 2008: 115 - 258.

[95] Suorineni F T, Chinnasane D R, Kaiser P K. A procedure for determining rock-type specific hoek-brown brittle parameter S[J]. Rock Mechanics and Rock Engineering, 2009, 42(6): 849 - 881.

[96] Wang F P, Gale J F W. Screening Criteria for Shale-Gas Systems. Gulf Coast Ass[J]. Geol. Soc. Trans, 2009, 59: 779 - 793.

[97] Yagiz S. Assessment of brittleness using rock strength and density with punch penetration test[J]. Tunnelling and Underground Space Technology, 2009, 24(1): 66 - 74.

[98] Altindag R. Assessment of some brittleness indexes in rock drilling efficiency[J]. Rock Mechanics and Rock Engineering, 2010, 43(3): 361 - 370.

[99] Tarasov B G, Potvin Y. Absolute, relative and intrinsic rock brittleness at compression [J]. Mining Technology, 2012, 121(4): 218 - 225.

[100] Tarasov B G, Potvin Y. Universal criteria for rock brittleness estimation under triaxial compression[J]. International Journal of Rock Mechanics and Mining Science, 2013, 59: 57 - 69.

[101] Meng F Z, Zhou H, Zhang C Q, et al. Evaluation methodology of brittleness of rock based on post-peak stress-strain curves[J]. Rock Mechanics and Rock Engineering, 2015, 48(5): 1787 - 1805.

[102] Jin X, Shah S N, Roegiers J C, et al. An integrated petrophysics and geomechanics approach for fracability evaluation in shale reservoirs[J]. SPE Journal, 2015, 20: 518 - 26.

[103] Rybacki E, Meier T, Dresen G. What controls the mechanical properties of shale rocks? —Part Ⅱ: Brittleness[J]. Journal of Petroleum Science and Engineering, 2016, 144: 39 - 58.

[104]　Rehak D R, Baugh J W. Alternative programming techniques for finite element program development[C]//Proceedings IABSE Colloquium On Expert Systems in Civil Engineering. Bergamo, Italy, 1989.

[105]　Peskin R L, Russo M F. An object-oriented system environment for partial differential equation solving[C]//Proceedings ASME Computations in Engineering. 1988: 409 - 415.

[106]　Miller G R. A LISP-based object-oriented approach to structural analysis[J]. Engineering with Computers, 1988, 4(4): 197 - 203.

[107]　Forde B W R, Foschi R O, Stiemer S F. Object-oriented finite element analysis[J]. Computers & Structures, 1990, 34(3): 355 - 374.

[108]　Fenves G L. Object-oriented programming for engineering software development[J]. Engineering with Computers, 1990, 6(1): 1 - 15.

[109]　MacKie R I. Object oriented programming of the finite element method[J]. International Journal for Numerical Methods in Engineering, 1992, 35(2): 425 - 436.

[110]　Zimmermann T, Dubois-Pèlerin Y, Bomme P. Object-oriented finite element programming: I. Governing principles[J]. Computer Methods in Applied Mechanics and Engineering, 1992, 98(2): 291 - 303.

[111]　Dubois-Pèlerin Y, Zimmermann T. Object-oriented finite element programming: III. An efficient implementation in C++[J]. Computer Methods in Applied Mechanics and Engineering, 1993, 108(1/2): 165 - 183.

[112]　Ju J, Hosain M U. Substructuring using the object-oriented approach[C]//Proceedings 2nd International Conference on Computational structures Technology. Athens: op. Cit, 1994: 115 - 120.

[113]　Mackie R I. Object-oriented methods—finite element programming and engineering software design[C]//Pahl & Werner. Computing In Civil And Building Engineering: Proceedings of the Sixth International Conference on Computing In Civil and Building Engineering. Rotterdam: Balkema, 1995, 133 - 138.

[114]　Rihaczek C, Kroplin B. Object-oriented design of finite element software for transient non-linear coupling problems[C]//Proceedings of Second Congress on Computing in Civil Engineering. ASCE, 1994.

[115]　Udo Meissner, Joaquin Diaz, Ingo Schönenborn. Object-oriented analysis of three dimensional geotechnical engineering systems[C]//Pahl & Werner. Computing In Civil And Building Engineering: Proceedings of the Sixth International Conference on Computing In Civil and Building Engineering. Rotterdam: Balkema, 1995, 61 - 65.

[116]　Werner H, Mackert M, Stark M. Object oriented models and tolls in tunnel design and analysis[C]//Pahl & Werner. Computing In Civil And Building Engineering: Proceedings of the Sixth International Conference on Computing In Civil and Building Engineering. Rotterdam: Balkema, 1995: 107 - 112.

[117] 崔俊芝,梁俊. 现代有限元软件方法[M].北京:国防工业出版社,1995.

[118] 周本宽,曹中清,陈大鹏. 面向对象有限元程序的类设计[J]. 计算结构动力学及其应用,1996,13(3):269-278.

[119] 曹中清,周本宽,陈大鹏. 面向对象有限元程序几种新的数据类型[J]. 西南交通大学学报,1997,31(2):119-125.

[120] 曹中清. 面向对象的有限元程序设计方法[D]. 成都:西南交通大学,1995

[121] 李会平,曹中清,周本宽. 弹塑性分析的面向对象有限元方法[J]. 西南交通大学学报,1997,32(4):401-406.

[122] Kong X A,Chen D P. An object-oriented design of FEM programs[J]. Computers & Structures,1995,57(1):157-166.

[123] 孔祥安,翟已. 面向对象有限元程序的数据设计[J]. 西南交通大学学报,1996,31(4):355-360.

[124] 孔祥安. C++语言和面向对象有限元程序设计[M]. 成都:西南交通大学出版社,1995.

[125] 张向,许晶月,沈启彧,等. 面向对象的有限元程序设计[J]. 计算力学学报,1999,16(2):216-225.

[126] 项阳,平扬,葛修润. 面向对象有限元方法在岩土工程中的应用[J]. 岩土力学,2000,21(4):346~349.

[127] 项阳. 面向对象有限元方法及其应用——一种新的锚杆数值模型[D]. 武汉:中国科学院武汉岩土力学研究所,2000.

[128] 陈健. 三维地层信息系统的建模与分析研究[D]. 武汉:中国科学院武汉岩土力学研究所,2001.

[129] 刘虓. 面向对象有限元结构动力程序设计[D]. 武汉:武汉理工大学,2002.

[130] 朱晓光. 面向对象的非线性有限元程序框架设计[D]. 大连:大连理工大学,2002.

[131] 李晓军. 地下工程三维并行有限元分析系统面向对象的设计与实现[D]. 上海:同济大学,2001.

[132] 周维垣. 高等岩石力学[M]. 北京:水利电力出版社,1990.

[133] Ungless R F. An infinite element[D]. Columbia:University of British Columbia,1973.

[134] Bettess P,Zienkiewicz O C. Diffraction and refraction of surface waves using finite and infinite elements[J]. International Journal for Numerical Methods in Engineering,1977,11(8):1271-1290.

[135] Bettess P. More on infinite elements[J]. International Journal for Numerical Methods in Engineering,1980,15(11):1613-1626.

[136] Beer G,Meek J L. Infinite domain elements[J]. International Journal for Numerical Methods in Engineering,1981,17(1):43-52.

[137] Zienkiewicz O C,Emson C, Bettess P. A novel Boundary Infinite Element[J]. International Journal for Numerical Methods in Engineering,1983,19(3):393-404

[138] 吕明. 无界元及其在工程中的应用[C]//中国水利水电科学研究院科学研究论文集. 北京:中国水利水电出版社,1985:37-46.

[139] 葛修润,谷先荣,丰定祥. 三维无界元和节理无界元[J]. 岩土工程学报,1986,8(5):9-20.

[140] 张楚汉,赵崇斌. 用无穷元研究断层对重力坝地基应力的影响[J]. 水利学报,1986,17(9):24-32.

[141] 赵崇斌,张楚汉,张光斗. 用无穷元模拟半无限平面弹性地基[J]. 清华大学学报(自然科学版),1986,26(3):51-64.

[142] 张镜剑,涂金良,孙大风. 变结点无界元和有限元耦合在三维弹塑性分析中的应用研究[J]. 华北水利水电学院学报,1991,(3):1-7.

[143] Yan Liubin, Bicanic N. Finite and infinite element method analysis of the longmen buttress dam[D]. Dept. of Civil Engineering, University College of Suansea, U. K. C/R/584/1986.

[144] 燕柳斌. 映射无限元法在工程中的应用[C]//中国土木工程学会主编. 中国土木工程计算机应用学会第三届学术会议论文集. 北京:冶金工业出版社,1989:30-37.

[145] 燕柳斌. 用三维映射无限元模拟半空间弹性地基[J]. 红水河,1990(1):39-42.

[146] 燕柳斌. 用三维映射无限元模拟重力坝地基[J]. 水利学报,1991,22(10):7-12.

[147] 燕柳斌,黄自成. 无限区域节理的模拟[J]. 广西大学学报(自然科学版),1992,17(2):15-19.

[148] 燕柳斌,赵艳林. 双向映射无限元模拟半无限弹性地基[J]. 广西大学学报(自然科学版),1996,21(3):251-254.

[149] 燕柳斌,赵艳林. 用映射无限元模拟直立式沉箱基础[J]. 红水河,1997,16(2):25-27.

[150] 燕柳斌. 结构分析的有限元及无限元法[M]. 武汉:武汉工业大学出版社,1998.

[151] 张建辉,邓安福,严春风. 关于三维无限元的一种新模型[J]. 重庆建筑大学学报,1998,20(2):31-34.

[152] 张建辉,邓安福,何水源. 三维无限元的映射函数[J]. 岩石力学与工程学报,2000,19(1):97-100.

[153] 王后裕,朱可善,言志信,等. 三维多向映射无限元及其在道路工程中的应用[J]. 岩石力学与工程学报,2001,20(3):293-296.

[154] 王后裕,朱可善,言志信. 三维双向及三向映射无限元[J]. 工程力学,2002,19(3):95-98.

[155] 张玉娥,牛润明. 引入无限元的地铁区间隧道地震反应分析[J]. 石家庄铁道学院学报,2001,14(3):71-74.

[156] 燕柳斌,李国华,夏小舟. 地基基础——坝体体系动力特性及地震反应分析的有限元与无限元耦合法[J]. 广西大学学报(自然科学版),2003,28(3):249-253.

[157] 姜忻良,谭丁,姜南. 交叉隧道地震反应三维有限元和无限元分析[J]. 天津大学学报,2004,37(4):307-311.

2 岩石的全过程曲线

2.1 岩石的全过程曲线

岩石是一种复杂的材料,也正是这种复杂性吸引了众多的科学工作者。理论源于实践,并需要得到实践的检验。试验是一切科学研究的基础,岩体力学的研究也是从试验开始的。

使用岩石力学试验机对圆柱形岩石试件进行单轴或三轴压缩试验是研究岩石的强度和变形特性及岩石发生破裂的发展过程的一种基本试验手段。进行岩石单轴压缩试验时试验机对岩石试件所施加的轴向力和试件轴向变形的关系曲线通常称为力-位移曲线。若试件截面积和长度在试验过程中的变化量是一个小量,则通过简单的换算,可以将力-位移曲线方便地转换成名义上的应力-应变曲线。

众所周知,不管使用何种类型的试验机,通过岩石的单轴压缩试验都可以取得岩石的峰值强度。在达到峰值强度之前的力-位移曲线叫做峰值前区特性曲线。过峰值强度以后的力-位移曲线叫做峰值后区特性曲线,也称为破坏后区或者破裂后区特性(Post-failure behaviour)。包括前、后区特性曲线在内的完整的力-位移曲线叫做全过程曲线,或称全程曲线。

研究全过程曲线,特别是峰值后区特性一直是岩石力学界十分关注的问题,因为无论在理论上,还是在岩体工程的实践方面,它都具有重要意义。例如,岩体在生成之后受到过多次剧烈的构造运动的作用,都不同程度地受到了破坏,因此在原位上的岩体的材料性质应该说在一定程度上是与岩石的峰值后区性能相当;而在工程实践中,"破裂的岩石",特别是当侧面有支撑时,仍然能够支撑住相当大的负荷。显然,在研究矿柱的稳定性及地下巷道中发生岩爆的可能性时对岩石的峰值后区特性的深入了解也是十分重要的。

最早的三轴试验是在普通试验机上进行的,将圆柱体岩样放置在液压腔中,利用油压对岩样进行侧向加载,在维持侧限压力(也称围压,confining pressure)不变的同时,对岩样进行轴向压缩。1911 年,Karman 发表的 Carrara 大理岩的三轴压缩曲线是标志性的成果[1]。Mogi 采用此方法进行试验,得到了白云岩的三轴试验曲线[2]。但是,过峰值强度点以后的力-位移曲线在试验中不一定都能成功地获得,它与所使用的试验机的性能和试验方法有关。

　　岩石的峰值后区特性曲线是很难用普通的岩石力学试验机求得的。其原因在于这种普通的岩石力学试验机是属于"柔性"试验机系统。在峰值后区内,就卸荷时的刚度而言试验机相对岩石来说是相对"柔性"的。过岩石的峰值强度点以后,试验机由于轴向力的减小而将本身储存的形变能释放给岩石试件。因为试验机是"柔性"的,它所释放的形变能大于岩石在峰值后区发生完全破坏所需要的能量。因此,过峰值强度后"柔性"试验机的形变能给岩石试件提供了进一步变形所需要的能量,从而岩石的变形就迅速增长,局部的破裂不受控制地急剧扩展,直到整个岩石试件发生崩溃破坏。因而测不到峰值后区特性曲线是必然的。

　　为了得到完整的全过程曲线和研究岩石的峰值后区特性,自 20 世纪 60 年代以来国内外岩石力学界的学者们做了种种努力,一般是采用如下的两种途径:

　　(1) 采用不同类型的"刚性"试验机,单纯地增加试验机的刚度,以减少试验机系统释放的形变能。这方面也包括采用热学方法向岩石试件施加轴向力的试验机系统。由于"刚性"机的刚度也不可能无限地提高,这类试验机在操作上也不甚方便,特别是难于控制试件的变形速率,近年来采用这条途径的人已越来越少了。

　　(2) 采用电液伺服闭环控制方式的岩石力学试验机。它利用闭环系统的反馈原理,通过不断地自动调整使试验机释放的形变能的绝大部分(或部分)被试验机系统本身所吸收,而不传给岩石试件,从而有效地控制了岩石试件的破裂过程。同时也使被控制量能准确地按所要求的函数规律变化,完全实现了自动控制。采用这种试验机系统是岩石力学室内试验技术方面的一个重大进步。

2.2　关于传统岩石分类的讨论

　　20 世纪 60 年代末,Wawersik 等对原有刚性试验机做了改进,采用人工伺服的方法,得到了一系列岩石试样单轴的全过程曲线,并首次在刚性试验机上得到Tenness 大理岩的三轴压缩全过程曲线。Wawersik 和 Fairhurst 于 1970 年基于他们对六种不同的岩石(见图 2.1)所做的单轴压缩试验的结果提出了将全过程曲线区分为两个基本类型[3],即所谓的 I 型和 II 型,如图 2.2(a)所示。这种分类法后来被进一步概念化为图 2.2(b)所示的模式。

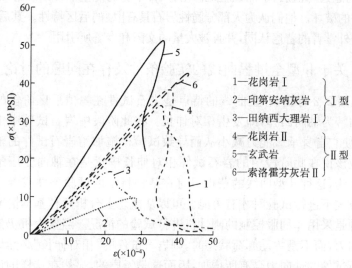

图 2.1 六种岩石的单轴试验曲线

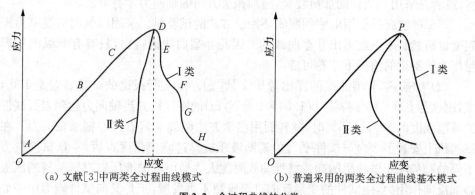

（a）文献[3]中两类全过程曲线模式　　　（b）普遍采用的两类全过程曲线基本模式

图 2.2 全过程曲线的分类

从图 2.2 可以看出，Ⅰ型、Ⅱ型的全过程曲线的差别在于峰值后区的特征曲线。

文献[3]的结论部分对Ⅰ、Ⅱ型岩类在破裂特征上的差异归结为："在准静态的单轴压缩试验所研究的应力-应变全过程曲线可以区分为两个类型。对Ⅰ型岩石而言，破裂的传播是稳定的。这意味着当承载能力逐步减小时还需要向试件做功。Ⅱ型破裂是不稳定的，或者说是自己能持续进行的。为了控制破裂，必须从材料中抽取能量。否则，即使是使用完全刚性的试验机，Ⅱ型岩石的破裂也是不能受控的。"也就是说，Ⅰ型为稳定断裂传播型，特征是外力超过试件承载力的峰值后，试件所存储的变形能并不能使破裂继续扩展，只有再增加外功才能使试件进一步破损，Wawersik 和 Fairhurst 认为韧性大的和软弱的岩类具有此类性质。Ⅱ型为非稳定断裂传播型,外力超过峰值后,不需试验机做功,试件本身的能量能使断裂继续扩展,并导致整个试件的破坏。他们认为大部分脆性岩石具有Ⅱ型的后区特性。其后,该分类方法得到国内外学者的普遍认同,并且被大量的文献和专著所引用[1,4-6]。

2.2.1　关于Ⅱ型全过程曲线的实验条件及存在问题的讨论

(1) 从图 2.2 可知,Ⅱ型曲线的特点是岩石试件在峰值后区阶段的变形主要趋势由压缩转为轴向回弹,即发生相对伸长。在此阶段中岩石试件中由于破裂的急剧发展,使它自身承载能力减小从而导致试验机施加给岩石试件的轴向力也相应减小。应该说在此阶段中的岩石试件相对伸长毕竟是在轴向受压条件下发生的。我们认为,这种Ⅱ型曲线的获得只有在某种特定的试验条件或者是在某种特定的控制方式下进行试验时才有可能。可以从概念上分析两种基本情况。

第一种是采用非伺服控制的刚性机进行试验的情况。当压力机仍然是处于主动施加轴向力,而不是主动卸荷状态时,则岩石试件的“相对伸长”必然导致试验机施加给岩石试件的轴向力会有所增加,因而这是矛盾的,显然在这样的试验条件下是得不到Ⅱ型曲线的。为了得出如图 2.2 所示的Ⅱ型曲线必须是试验机主动卸荷,或者是采用其他辅助加荷装置,施加相反方向的轴向力才有可能。

第二种情况是使用电液伺服闭环控制方式的试验机。采用以纵向应变率为控制变量显然是不可能得出Ⅱ型曲线的。因此Ⅱ型曲线的得出,只有有非纵向变形量作为控制量的前提下才有可能。

(2) 如前述,Ⅱ型曲线的提出源于文献[1]。该文所报道的试验装置是 100 t 级,刚度为 8.8×10^6 磅/英寸(1.54×10^{11} N/m)的刚性机。当轴向力达到岩石试件的峰值强度的 50%～75% 时,就转而用热学方法继续向岩石试件施加轴向力。在试验机上安置了 3 台与试件平行的辅助液压缸。过峰值强度点后,一旦试件抗力下降的趋势陡于试验机的卸载特性曲线时就人为地由辅助液压缸对试验机的压板施加反向作用力,使试件的变形反向直至破裂不再发展,于是又向试件施力……如此反复进行下去直到岩石试件破坏。文献[1]中所取得的Ⅱ型曲线正是在三只辅助液压缸施加反向力时才导致试件的变形趋势发生逆转。因此这是在一种特殊的试验条件下获得Ⅱ型全过程曲线的。还必须指出,这种施加补偿性的反向力是在人工监测、人工判别和人工操作下进行,因此其精确度是存在疑问的。

(3) 近年来文献中报道的Ⅱ型全过程曲线大多是用电液伺服闭环控制试验机测得的。在试验时峰值后区对脆性岩类都是采用试件的横向变形率作为控制量。在这种特定的控制条件下,就轴向力和轴向变形而言,一直处于多次反复加荷-卸荷、伸长和缩短的复杂过程之中,由此得出的Ⅱ型曲线只是这种复杂的加荷-卸荷过程的外包络线而已。这样得出的Ⅱ型全过程曲线能否视为反映脆性岩类本性的特性曲线是存在疑问的。表面上看来,Ⅱ型曲线意味着在峰值后区需要从岩石试件中抽走能量。但在这种复杂加荷-卸荷过程中形成大量的塑性滞环。每一个滞环都意味着由机器向岩石试件输入能量。

（4）既然单轴向压缩试验的全过程曲线指的是作用在岩石试件上的轴向力和轴向变形的关系曲线，则在使用伺服试验机时将关系曲线的主变量之一，即变形量作为控制量应该是最为合理的。我们认为，为了取得峰值后区特性曲线以选择纵向变形速率（或纵向应变速率）作为控制量在理论上最为适宜。这样选取，将使岩石试件的纵向应变量在整个试验过程中一直处于一种单调、匀速增长的简单条件之下。这样得出的特性曲线能更好地反映材料的本性，又易于向复杂情况推广。

（5）目前在使用伺服机对脆性岩类进行单轴压缩试验时通常是取试件的横向变形率作为控制量。其根本原因在于目前使用的试验机的自动控制水平还不够完善，因而对脆性岩类若采用纵向应变率作为控制量时常导致失控所致。

（6）从能量的观点分析图 2.2(b)所示的全过程曲线可知，过峰值强度点 P 所作的垂直虚线是一条分界线。如果后区曲线在其右侧，即所谓的 Ⅰ 型曲线，这意味着岩石试件在破坏的过程中尚需补充能量。如在其左侧，即所谓的 Ⅱ 型曲线。如果 Ⅱ 型全过程曲线确实是脆性岩类本性的反映的话，那么脆性岩石的岩石试件在峰后区过程中不但不需要补充能量，而是还必须从岩石试件中抽取能量，破裂过程才能得到控制。由此，从能量的观点导出的逻辑结论应该是：如果 Ⅱ 型曲线是合理的话，那么无论是采用什么样的试验机，对于具有 Ⅱ 型曲线的脆性岩类在纵向变形率保持常数的条件下其破裂发展过程是绝不可能受控的。因为在纵向变形保持单调、匀速增长的条件下试验机一定要向岩石试件做功的。

2.2.2　Ⅱ型全过程曲线违背 Ⅱ'yushin 公设

对于非稳定材料，Ⅱ'yushin 提出了一个比 Drucker 公设范围更广的热力学公设：材料中任一微元体在历经任意一个应变循环中，应力的功不负。只要材料满足这一公设，就可以建立起它的一整套塑性本构理论[7]。郑宏等从能量的观点证明所谓的 Ⅱ 型是违背 Ⅱ'yushin 公设的[8,9]，其证明过程如下：

特别地，我们就取 A 点的一个应变循环，如图 2.3 所示，对应的应力路径为 $A \to B \to E$，在此路径上应力的功的大小为三角形 ABE 的面积，但其值为负。故 Ⅱ 型岩石是不满足 Ⅱ'yushin 公设的，这从理论上说明把岩石材料分为 Ⅰ 型和 Ⅱ 型是值得商榷的。

为了证明 Ⅰ 型、Ⅱ 型分类法的不合理

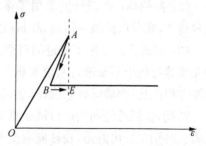

图 2.3　Ⅱ型材料应力在一个应变循环下的功

性,必须开展新的实验研究,目标是在纵向变形率保持常数条件下取得脆性岩类的后区特性曲线。为了达到这一目的,必需研制新一代的高性能的电液伺服闭环控制岩石力学试验机。

2.3　新一代电液伺服自适应控制岩石力学试验机及新的试验结果

以前使用的电液伺服闭环控制方式的试验机大部分是采用传统的模拟控制方式,国外也有采用数字直接控制的,即 DDC 方式,这两种控制方式的重要特点就是采用一个固定不变的校正环节。当系统调整好后,参数就不再改变,而不管试验对象是否改变。

从闭环控制系统的角度看,试验对象是闭环中的一个主要环节,它的力学特性与系统的特性密切相关。不同岩石试件的力学特性相关甚远。即使同一岩石试件,在峰值前区和后区其力学性质更有明显的差异。一般的闭环伺服控制试验机无论是模拟控制的还是计算机控制的,都无法很好适应上述的情况。

针对以上的问题,在葛修润的主持下,经过七年的艰苦研制过程,研制的新一代的自适应控制岩石力学试验机在 1993 年 12 月 25 日通过中国科学院院级鉴定。鉴定专家对该试验机给予了很高的评价,认为其达到了国际领先的水平。该系列第一台试验机,命名为 RMT-64,该试验机全名为微机伺服控制岩石力学多功能试验机,RMT 是其英文简称 Rock Mechanics Testing System 的前三个单词的第一个字母,轴向加荷能力为 600 kN,水平加荷能力为 400 kN。这台试验机具有以下特点[10-13]:

(1) 多功能。采用了独特的设计方法,没有很大的刚性构件,可以进行多种力学试验。如单轴、三轴压缩和拉伸试验;直剪试验;各种波形的疲劳试验;断裂力学试验等等。

(2) 高频响。在设计上采用了多种先进技术与合理的措施,保证了系统的高频响特性,疲劳试验频率可达 30 Hz 以上,同时也尽可能地降低了能耗。

(3) 自适应。采用了先进的自适应控制方式,全部控制功能由计算机实现,它能在实验过程中不断进行系统辨识并自动寻优。换句话说,无论岩石试件的力学特性如何变化,都能保证系统在试验过程中始终处于最优控制状态。

初期,我们已经利用这台试验机对许多不同岩性的岩石试件进行了单轴压缩试验。特别要指出的是,在轴向应变率保持常数的条件下对几乎各种脆性岩石都能作出令人满意的峰值后区曲线。图 2.4 所示为两种典型脆性岩石的全过程曲线。对这几种岩石试件曾经用美国 MTS 公司的 815.03 型电液伺服闭环控制试验机做过单轴压缩试验。当采用纵向应变率保持常数的控制方式时则过峰值后就会发生失控。

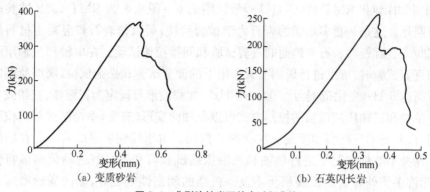

(a) 变质砂岩　　　　　　　　　　(b) 石英闪长岩

图 2.4　典型脆性岩石的全过程曲线

　　这几种岩石按其脆性程度应归属于前述的 Ⅱ 型岩类,但由图 2.4 可知,它们在轴向应变率为常数的条件下得到了与传统的 Ⅱ 型完全不同的峰值后区特性曲线。因此,这些试验结果充分证明了所谓 Ⅱ 型曲线的不合理性,从而所谓的 Ⅰ 型、Ⅱ 型分类法也是不合适的。

　　在这一系统上,我们还进行了大量的试验研究。在轴向应变率保持为常数的控制方式下,对各种脆性岩石进行单轴压缩试验,几乎都能作出令人满意的峰值后区特性曲线[14]。综上所述,我们根据最新的试验结果可以得出以下结论:对绝大部分过去归于 Ⅱ 型岩类的脆性岩石来说,在轴向变形率保持常数的条件下其破裂过程是可以控制的,是可以取得完美的峰值后区特性曲线的。因此,前述的岩石 Ⅰ 型和 Ⅱ 型分类法是不适宜的,我们建议采用图 2.5 所示的模式作为岩石峰值后区特性曲线和全过程曲线的新模型。

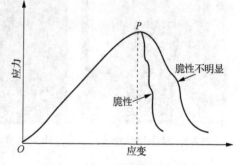

图 2.5　岩石全过程曲线分类新模型

　　该模型以峰值强度点 P 所作的垂直虚线为极限线,在轴向变形率保持常数条件下,绝大部分岩石的后区特性曲线均在其右侧。越是脆性的岩石的后区曲线的坡度(指绝对值)越陡,即越逼近极限线,且其曲线上有明显的台阶状。这是由于突然的局部破裂造成抗力急剧下降和破裂传播受阻等复杂因素形成的。而韧性越大的岩石其后区特性曲线的坡度越平缓。

　　后来在 RMT-64 原型基础上中国科学院武汉岩土力学研究所又作了一些改进,但整个试验机结构和基本原理保持不变,将轴向加荷能力和水平加荷能力分别加大为 1 000 kN 和 500 kN,并在性能上又作了一些改进,形成了 RMT-150 型、RMT-150B 型和 RMT-150C 型等型号。图 2.6~图 2.8 为 RMT-150B 试验机的外型照片。这是一套多功能的岩石力学试验系统,可以作岩石和混凝土材料的单轴试验、三轴试验、岩石节理面的直剪试验和间接拉伸试验。在单轴和三轴压缩试验和直剪试验时,可以进行周期荷载作用下的疲劳试验和松弛试验,周期荷载的频率可高达 5 Hz,变化范围为 0.001~5 Hz。加载波形可设定为正弦波、三角波和方波。单轴和三轴压缩试验的控制方式可以是轴向变形(应变)率控制或剪切位移率控制,横向变形(应变)率控制和加荷速率控制。对于脆性明显的岩石能在轴向变形率保持不变的情况下进行单轴和三轴压缩试验可获得良好的峰值后区特性曲线,为许多国外有名的试验机所不及。机器的动态性能良好,轴向变形率可高达 1 mm/s,也就是说,进行单轴压缩试验时,从试件开始加载到试件破坏的整个过程不到 1 s,而且这瞬间变化的全过程曲线能实时显示在显示屏上,各项测量数据由计算机自动记录。后处理软件丰富,试验结束后可立即给出各种业已整理好的试验曲线和数据。该系统能够完成的主要试验和试件尺寸要求见表 2.1[15]。

图 2.6　RMT-150B 外观 1　　　　图 2.7　RMT-150B 外观 2　　　　图 2.8　RMT-150B 外观 3

表 2.1　试验类型与试件尺寸

试验类型	试件外形	试件尺寸(mm)
单轴压缩全过程试验	圆柱形	直径 50,高度 100
三轴压缩全过程试验	圆柱形	直径 50,高度 100~110
单轴直接拉伸试验	圆柱形	直径 50,高度 10~110

试验类型	试件外形	试件尺寸(mm)
剪切试验	长方体或立方体	长×宽×高:200×200×200
		长×宽×高:200×150×150
		长×宽×高:150×150×150

近年来,葛修润继续指导学生在这方面做了大量的单轴和三轴试验研究。卢允德等在葛修润的指导下,采用保持变形率保持常数条件下,对江西贵溪红砂岩、四川雅安大理岩、湖北通城县的红色花岗岩和湖北大悟黑色花岗岩进一步做了大量单轴压缩试验,得到了它们的后区特性曲线。总体而言,脆性岩石的后区斜率相对于中低强度的岩石来说要大得多,总体变形也小了不少,表现出很大的脆性,但是后区依然是可控的,仍然可以得到后区曲线,岩石强度越大,脆性越强,离散性越小。在 RMT-150B 试验机上进行试验的脆性很大的岩石,99%以上可以得到完整的全程曲线,都是传统上Ⅰ型曲线。从试验结果来看,这几种岩石按其脆性程度应归属于前述的Ⅱ型岩类,但它们在轴向变形率为常数的条件下得到了与传统的Ⅱ型曲线完全不同的峰值后区特性曲线,这些试验结果进一步证明了所谓Ⅱ型的不合理性,并且进一步完善了图 2.5 所建议的分类新模式。

2.4　脆塑性体数值模拟模型

当岩石的应力状态经校核超过岩石的强度准则后就认为岩石发生了破坏。如何来描述破坏后岩石的力学性能,就成为十分重要的问题。通常认为岩石峰值后区特性就是遭到破坏后的岩石的基本特性。对第Ⅱ类全过程曲线而言,过峰值强度点后的后区特性曲线是具有负坡度的。随着轴向位移的增长,强度继续下降。这种情况经常被称为“软化”。在数值模拟时往往是采取各种算法来逼近后区特性曲线。但是这种处理方法实际上存在概念性问题。因为该种做法是默认后区特性曲线是一种过峰值强度点以后的岩石的一种本构关系。

我们认为,如果以峰值强度点作为分界的话,则峰值后区的区段内可以看作为损伤急剧发展,微裂隙急剧扩大为宏观的大裂纹而导致试件总体发生崩溃的阶段。对一个岩石试件而言,此时试件的一部分已破损,另一部分还基本完好。所以在单轴压缩试验中所测得的后区特性曲线实质上是一部分尚属完整岩石与另一部分已遭受破坏的岩石组合在一起的综合力学特性曲线。请注意,它仅仅是一种综合特性,而并不是某一种本构关系。所以把这种后区特性曲线视为岩石过峰值点后的一种本构关系是不合适的。从而在数值模拟时单纯地追求去逼近它也是不适宜的。

　　假如我们研究一个岩体工程问题,例如岩质边坡或地下硐室稳定性问题,某些区域是破损区,某些区域的岩石尚属完好,对于这两类区域应采用不同的力学模型。将部分完好的岩石和部分受损的岩石的综合特性作为这些工程问题中的破损区的力学特性显然是不适宜的。

　　如果细致研究本文所给出的岩石后区特性曲线可以看出对脆性比较明显的岩石而言,其后区曲线一般都较陡,并且局部有小台阶。可以作这样的分析,即在破裂急剧发展时这类岩石的后区特性基本上呈垂直下跌的趋势,而台阶状乃是破裂局部受阻的缘故。综合在一起是有一定的负坡度。对脆性比较明显的岩类而言,可以将其过峰值点以后的基本力学性质用垂直下跌,即有很大应力坡降的模型更切合实际。

　　也就是说,脆塑性体的基本特征就是在其应力应变曲线上存在一个突变的、不可控的脆性段。推广到复杂应力状态的就是:当使应力点由某一初始弹性态加载到峰值强度面后,将发生突变而迅速跌落至残余强度面上。在数值模拟的方法上如何合理地描述岩石在破裂后的应力突降的方法是十分重要的。对脆性比较明显的岩类而言,研究描述岩石在破裂后的应力突降的合理方法显然比那种研究"软化"的描述方法更切合实际[8,9]。

　　脆塑性岩石的全过程曲线的主要特点是[16]:① 峰值强度前呈直线化;② 峰值屈服区段很狭窄;③ 峰值后陡峻跌落至残余值;④ 残余阶段平稳。为求得适当的函数表达式,我们给出下面显而易见的基本假定:① 在应力状态一定时,曲线唯一,不考虑加载速度和蠕变等的影响;② 曲线是连续的,且在任一段曲线函数中均是单调的;③ 材料达到残余强度后不出现任何可能的强化。

　　这三个假定是符合实际情况的,利用这三个假定,我们可以将峰值区尖锐化,将弹性段和脆性跌落段直线化,并略去微小的跌落坡度和残余应力衰减,便把全过程曲线简化为:线弹性—脆性跌落—理想塑性三段本构描述,以及峰值与残余两次屈服的理想脆塑性模型,如图2.9所示。

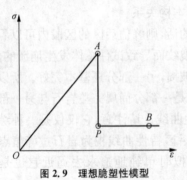

图 2.9　理想脆塑性模型

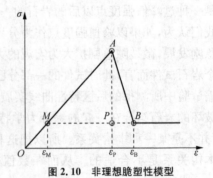

图 2.10　非理想脆塑性模型

传统的弹-脆-塑性模型在过峰值应力以后的应力跌落过程中,理想化地假定应变增量为零(故又称为理想脆塑性模型),能够很好地反映脆性非常明显的岩石材料的峰值后区力学特性。然而,任何材料的应力跌落都不是绝对垂直的,对于脆塑性不是那么理想化而软化速率大到又不满足经典塑性理论中对软化速率的限制的脆塑性岩土材料,应用该模型则有些勉强。为此,葛修润(1997)等提出了非理想脆塑性模型(图 2.10),该模型中,考虑岩石的应力跌落坡度,即在过峰值应力以后的应力跌落过程中,允许应变增量不为零,需要根据具体岩石的单轴和三轴试验确定应力脆性跌落因子[17]。

2.5 本章小结

本章在总结和引用前人成果的基础上,首先介绍岩石的全过程曲线以及关于传统岩石分类的讨论,在介绍了新一代电液伺服自适应控制岩石力学试验机及新的试验结果基础上提炼出脆塑性岩石类材料数值模拟的计算模型。

参 考 文 献

[1] Von Karman T. Festigkeitsversuche unter allseitgem Druck[J]. Zeitschr. Ver. Dentsch. Ing,1911,55:1749 - 1757.

[2] Mogi K. Fracture and flow of rocks under high triaxial compression[J]. Journal of Geophysical Research Atmosphres,1971,76(5):1255 - 1269.

[3] Wawersik W R,Fairhurst C. A study of brittle rock fracture in laboratory compression experiments[J]. International Journal of Rock Mechanics and Mining Sciences & Geomechanics Abstracts,1970,7(5):561 - 575.

[4] (澳) M S. 佩特森. 实验岩石变形——脆性域[M]. 张崇寿,等译. 北京:地质出版社,1982.

[5] (澳)B H G. 布雷迪,E T. 布朗. 地下采矿岩石力学[M]. 冯树仁,等译. 北京:煤炭工业出版社,1990.

[6] 陶振宇,潘别桐. 岩石力学原理与方法[M]. 武汉:中国地质大学出版社,1991.

[7] 王仁,黄文彬,黄筑平. 塑性力学引论(修订版)[M]. 北京:北京大学出版社,1992.

[8] 郑宏,葛修润,李焯芬. 脆塑性岩体的分析原理及其应用[J]. 岩石力学与工程学报,1997,16(1):8 - 21.

[9] 郑宏. 岩土力学中的几类非线性问题[D]. 武汉:中国科学院武汉岩土力学研究所,2000.

[10] 葛修润,周伯海.岩石力学室内试验装置的新进展——RMT-64 岩石力学试验系统[J].岩土力学,1994,15(1),50-56.

[11] 葛修润,周伯海,刘明贵,等.电液伺服自适应控制岩石力学试验机及其对岩石力学某些问题研究的意义[J].岩土力学,1992,13(2,3):8-13.

[12] 葛修润.关于岩石全过程曲线分类的新见解[C]//中国土木工程学会.首届全国岩土力学与工程青年工作者学术讨论会论文集.杭州:浙江大学出版社,1992:20-35.

[13] 葛修润,周伯海,刘明贵,等.岩石峰值后区特性和数值模拟方法的探讨[C]//中国岩石力学与工程学会.计算机方法在岩石力学及工程中的应用国际学术讨论会论文集.武汉:武汉测绘科技大学出版社,1994:689-694.

[14] 卢允德.岩石三轴压缩试验及线性软化本构模型的研究[D].上海:上海交通大学,2003.

[15] 葛修润,任建喜,蒲毅彬,等.岩土损伤力学宏细观试验研究[M].北京:科学出版社,2004.

[16] 任放,盛谦.弹脆塑性理论与三峡工程船闸开挖数值模拟[J].长江科学院院报,1999,16(4):6-14.

[17] Ge Xiurun. Post failure behaviour and a brittle-plastic model of brittle rock[C]// Computer Methods and Advances in Geomechanics. Rotterdam:Balkema,1997,151-160.

3 脆塑性岩体分析原理

3.1 经典塑性理论对软化材料软化速率的限制[1,2]

脆塑性体的基本特征就是在其应力应变曲线上存在一个突变的、不可控的脆性段。推广到复杂应力状态的就是：当使应力点由某一初始弹性态加载到峰值强度面后，将发生突变而迅速跌落至残余强度面上。在数值模拟的方法上如何合理地描述岩石在破裂后的应力突降的方法是十分重要的。

为了回避应力跌落方式的不确定性，部分学者仍将脆性破坏作为图 3.1 所示的连续的应变软化模型来处理[3]，但是这显然有违于脆性岩石的变形特征。因为脆塑性体由峰体强度面到残余强度面不是一个渐近过程，而是突发的和不可控的，跌落后的峰值强度也是不可恢复的，而用连续的应变软化模型显然不能刻画这些特征。

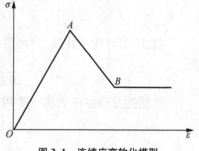

图 3.1　连续应变软化模型

再者，即使将其视为连续的应变软化模型，也不能取真实的软化段来进行计算。已有部分学者，如 Pietruszczak-Mroz[4]，Prevost-Hughes[5] 等从理论及计算上证明：当材料的软化速率较大时，会使得塑性力学问题的解不唯一。郑宏还证明，当软化速率较大时，还会使得经典意义下的本构积分无法进行[1,2]。证明如下：

从热力学的观点来看，工作强化假设比应变强化假设更为一般，因此下面采用前者进行公式推导，并进行相应的数值计算。

也就是说，可以设材料的屈服面方程为：

$$F(\sigma, W_p) = 0 \qquad (3.1)$$

式中：W_p 是塑性功，定义为：

$$W_p = \int \sigma^T d\varepsilon_p \qquad (3.2)$$

则有：

$$dW_p = \sigma^T d\varepsilon_p \qquad (3.3)$$

应用相关联的流动法则时,有:

$$d\varepsilon_p = d\lambda \frac{\partial F}{\partial \sigma} \tag{3.4}$$

式中:$d\lambda$ 为比例系数,称为塑性乘子。

将式(3.4)代入式(3.3)则得:

$$dW_p = d\lambda \sigma^T \frac{\partial F}{\partial \sigma} \tag{3.5}$$

对式(3.1)两边微分,有:

$$dF = \frac{\partial F}{\partial \sigma} d\sigma + \frac{\partial F}{\partial W_p} dW_p \tag{3.6a}$$

上式还可以写成:

$$\frac{\partial F}{\partial \sigma} d\sigma - A d\lambda = 0 \tag{3.6b}$$

式中:

$$A = -\frac{1}{d\lambda} \frac{\partial F}{\partial W_p} dW_p \tag{3.7}$$

将式(3.5)代入式(3.7)则得:

$$A = -\frac{1}{d\lambda} \frac{\partial F}{\partial W_p} d\lambda \sigma^T \frac{\partial F}{\partial \sigma} = -\frac{\partial F}{\partial W_p} \sigma^T \frac{\partial F}{\partial \sigma} \tag{3.8}$$

弹塑性变形在应力和应变间的完全递增关系为:

$$d\varepsilon = [D]^{-1} d\sigma + d\lambda \frac{\partial F}{\partial \sigma} \tag{3.9}$$

在上式两边用 $\left(\frac{\partial F}{\partial \sigma}\right)^T D$ 来乘,并将式(3.6b)代入易得如下的塑性乘子:

$$d\lambda = \frac{\left(\frac{\partial F}{\partial \sigma}\right)^T D d\varepsilon}{A + \left(\frac{\partial F}{\partial \sigma}\right)^T D \frac{\partial F}{\partial \sigma}} \tag{3.10}$$

令

$$M = A + \left(\frac{\partial F}{\partial \sigma}\right)^T D \frac{\partial F}{\partial \sigma}$$

将式(3.10)代入式(3.9),得到整个弹塑性增量的应力应变关系为[6]:

$$d\sigma = D_{ep} d\varepsilon \tag{3.11}$$

式中:

$$D_{ep} = D - D_p, \qquad D_p = \frac{1}{M} D \frac{\partial F}{\partial \sigma} \left(\frac{\partial F}{\partial \sigma}\right)^T D \tag{3.12}$$

对于强化材料 $A>0$,对于理想弹塑性材 $A=0$,对于软化材料 $A<0$,但在软化

情况下应使 A 满足：

$$|A|<\left(\frac{\partial F}{\partial \boldsymbol{\sigma}}\right)^{\mathrm{T}} D \frac{\partial F}{\partial \boldsymbol{\sigma}} \qquad (3.13)$$

事实上,若 $|A|=\left(\frac{\partial F}{\partial \boldsymbol{\sigma}}\right)^{\mathrm{T}} D \frac{\partial F}{\partial \boldsymbol{\sigma}}$,则会使 $M=0$ 而使得 D_{ep} 无意义,若 $|A|<$ $\left(\frac{\partial F}{\partial \boldsymbol{\sigma}}\right)^{\mathrm{T}} D \frac{\partial F}{\partial \boldsymbol{\sigma}}$,就会有 $M<0$,此时可将 D_{ep} 写成：

$$D_{ep}=D+\frac{1}{|M|} d_{\mathrm{F}} d_{\mathrm{F}}^{\mathrm{T}}, \; d_{\mathrm{F}}=D \frac{\partial F}{\partial \boldsymbol{\sigma}} \qquad (3.14)$$

因为

$$\mathrm{d}\boldsymbol{\sigma}=\left(D+\frac{1}{|M|} d_{\mathrm{F}} d_{\mathrm{F}}^{\mathrm{T}}\right) \mathrm{d}\boldsymbol{\varepsilon} \qquad (3.15)$$

将上式两边同时乘以 $(\mathrm{d}\boldsymbol{\varepsilon})^{\mathrm{T}}(\neq 0)$,得：

$$(\mathrm{d}\boldsymbol{\varepsilon})^{\mathrm{T}}\mathrm{d}\boldsymbol{\sigma}=(\mathrm{d}\boldsymbol{\varepsilon})^{\mathrm{T}}D\mathrm{d}\boldsymbol{\varepsilon}+\frac{1}{|M|}\left[(\mathrm{d}\boldsymbol{\varepsilon})^{\mathrm{T}} d_{\mathrm{F}}\right]^2$$

由 D 的正定性可知 $(\mathrm{d}\boldsymbol{\varepsilon})^{\mathrm{T}}\mathrm{d}\boldsymbol{\sigma}>0$,但这与软化的定义相矛盾。故对于软化材料,应要求其软化速率满足不等式(3.13),才能进行经典意义下的本构积分。

以等向强化的 Drucker-Prager 材料为例,其屈服面方程为：

$$F(\boldsymbol{\sigma},W_{\mathrm{p}})=\alpha I_1+\sqrt{J_2}-\kappa=0 \qquad (3.16)$$

式中：$\alpha=\alpha(W_{\mathrm{p}})$；$\kappa=\kappa(W_{\mathrm{p}})$。令 $\alpha'=\dfrac{\mathrm{d}\alpha}{\mathrm{d}W_{\mathrm{p}}}$,$\kappa'=\dfrac{\mathrm{d}\kappa}{\mathrm{d}W_{\mathrm{p}}}$,不难算出：

$$\frac{\partial F}{\partial \sigma_{ij}}=\alpha\delta_{ij}+\frac{1}{2\sqrt{J_2}}S_{ij} \qquad (3.17)$$

设弹性变形也是各向同性的,弹性张量可以表示为：

$$D_{ijkl}=\left(K-\frac{2}{3}G\right)\delta_{ij}\delta_{kl}+G(\delta_{ik}\delta_{jl}+\delta_{il}\delta_{jk}) \qquad (3.18)$$

式中：K 和 G 分别为弹性变形的体积模量和剪切模量,即

$$K=\frac{E}{3(1-2\upsilon)}, \qquad G=\frac{E}{2(1+\upsilon)} \qquad (3.19)$$

所以有：

$$D_{ijkl}\frac{\partial F}{\partial \sigma_{kl}}=D_{ijkl}\left(\alpha\delta_{kl}+\frac{1}{2\sqrt{J_2}}S_{kl}\right)=3\alpha K\delta_{ij}+\frac{G}{\sqrt{J_2}}S_{ij} \qquad (3.20a)$$

$$\left(\frac{\partial F}{\partial \boldsymbol{\sigma}}\right)^{\mathrm{T}}D\frac{\partial F}{\partial \boldsymbol{\sigma}}=9\alpha^2 K+G \qquad (3.20b)$$

另外有：

$$\frac{\partial F}{\partial W_{\mathrm{p}}}=\alpha' I_1-k' \qquad (3.21)$$

根据齐次函数的 Euler 理论可得出，如果 $f(x)$ 是 n 阶齐次的，那么有：

$$\frac{\partial f}{\partial x}x = nf \qquad\qquad (3.22)$$

则有：

$$\sigma^{\mathrm{T}}\frac{\partial F}{\partial \sigma} = \alpha I_1 - \sqrt{J_2} = k \qquad\qquad (3.23)$$

将式(3.21)和式(3.23)代入式(3.8)得：

$$A = \kappa(\kappa' - \alpha' I_1) \qquad\qquad (3.24)$$

$\kappa' - \alpha' I_1 > 0$ 表示强化；$\kappa' - \alpha' I_1 = 0$ 表示理想塑性；$\kappa' - \alpha' I_1 < 0$ 表示软化，但由式(3.13)和式(3.20b)可知对软化速率的限制是：

$$|\kappa(\kappa' - \alpha' I_1)| < 9\alpha^2 K + G \qquad\qquad (3.25)$$

3.2　应变空间中表述的弹塑性理论

弹塑性理论一般在应力空间中表述，但这种表述方法存在如下问题：一是应力空间中表述的弹塑性理论体系不能有效地处理像岩土类介质的不稳定材料，例如它对硬化材料与理想性材料要分别采用不同的加卸载条件，但无法对不稳定材料给出加载条件。而在应变空间中表述，无论对硬化、软化或理想塑性材料均可采用一个统一的加卸载条件。由此可见，对不稳定材料，需要应用应变空间中表述的弹塑性理论，同样，脆塑性体是一种不稳定材料，要应用应变空间中表述的弹塑性理论。二是材料屈服与破坏直接取决于应变量，而且试验测的直接量也是应变量。因而应用应变来建立屈服条件与破坏条件更能反映材料屈服与破坏的本质。尤其是某些情况下只能应用应变来建立屈服与破坏条件，而不能应用应力建立屈服与破坏条件。三是以应变作为基本量更适应当前以位移为未知量的数值分析方法。例如由位移直接求出应变，就可以用应变表述的屈服条件来判断材料的屈服状况，若采用应力表述的屈服条件，则需要再由应变求出应力后方能确定材料的屈服状况。因此采用应变空间表述的弹塑性理论可使数值计算简化[7]。

按照经典塑性理论，对理想塑性或塑性强化材料，应力点在加载时其应力增量的方向指向加载面外侧，卸载时应力增量的方向指向加载面内侧；而对于软化塑性材料，应力点在加载时应力屈服面收缩，应力增量指向当时屈服面的内侧，即加载与卸载对应的应力增量的方向相同。因而一般讲，由应力空间中确定的加—卸载准则函数[8]：

$$l = (\partial f/\partial \sigma)^{\mathrm{T}} \mathrm{d}\sigma \qquad\qquad (3.26)$$

是不能区别应变软化材料应力点的加—卸载状态的，必须取应变空间中的量才能描述软化材料的加—卸载准则。因为在应变空间中,加载时应变增量指向屈服面外侧,卸载时应变增量指向屈服面内侧。这样就有应变空间中的加—卸载准则函数:

$$L=(\partial F/\partial \varepsilon)^T d\varepsilon \tag{3.27}$$

由于屈服条件一般都是在应力空间中定义的,所以必须找出 l_1 和 l_2 之间的对应关系,以使应力形式的屈服条件能适于应变软化材料,通过引入变换:

$$\begin{cases} \sigma^p = D\varepsilon^p \\ \sigma = D(\varepsilon - \varepsilon^p) \end{cases}$$

经换算可得出用于应变软化材料的加—卸载准则函数:

$$L=(\partial f/\partial \sigma)^T D d\varepsilon \tag{3.28}$$

上式中的 D 是弹性矩阵,$Dd\varepsilon$ 就是按弹性规律计算得到的 $d\sigma$[6]。我们知道,在位移法的有限元分析中是由 $d\varepsilon_{ij}$ 计算 $d\sigma_{ij}$ 的,因而 $d\sigma_{ij}$ 事先是不知道的,只能用考查 $\sigma_{ij}+d\sigma_{ij}^e$ 对应的应力点在应力屈服面的内侧还是外侧来判断卸载还是加载。这种做法恰恰是应用了应变空间中表述的加—卸载函数式(3.28)来判断卸载还是加载的[8],因此,在以往的位移法弹塑性有限元分析中关于本构关系的算法在实质上都是建立在应变空间表述的本构理论之上的[9]。

3.3 利用塑性位势理论来确定应力跌落

对脆性比较明显的岩类而言,研究描述岩石在破裂后的应力突降的合理方法显然比那种研究"软化"的描述方法更切合实际。脆塑性分析模型的应用中,由峰值强度面到残余强度面的应力跌落方式一直是有限元分析中争论的一个焦点。研究人员提出过很多种假想的应力跌落方式,然而,不同的应力路径所得的结果往往相去甚远。刘文政于 1989 年提出了利用塑性位势理论来确定应力跌落过程的方法[10]。郑宏在 1993 年结合三峡工程课题也独立发现了该方法。后来郑宏等还证明了脆塑性体仍然满足 Ⅱ′yushin 公设,为用塑性位势理论来确定应力跌落过程的方法找了一个坚实的理论基础。

设 $F(\sigma)=0$ 及 $f(\sigma)=0$ 分别为峰值强度面和残余强度面。假设应力点由某一初始弹性态加载到 $F(\sigma)=0$ 上的某一点 A,如图 3.2 所示,当满足加载条件式(3.28)时,应力将发生突变而跌落至 $f(\sigma)=0$ 上的某一点 B。图 3.3 是在 Mohr 应力空间中给出了二维情况下确定跌落点 B 的典型方式,其中,B_1 对应于圆心不变假定,B_2 对应于最短路径假定,B_3 对应于 σ_1 不变假定。显然不同的应力跌落方式将给出不同的解答,而利用圆心不变假定似乎是目前较为普遍的方法。脆塑性体仍然满足 Ⅱ′yushin 公设,基于塑性位势理论,可以给出确定 B 点的方法。利用塑性位势理论来确定应力跌落过程的方法最早由刘文政在其博士学位论文中给出。郑宏结合三峡工程课题也独立发现了该方法。葛修润于 1997 年应用该方法推导了应力非垂直跌落的计算模型中的应力脆性跌落过程的方法[11]。

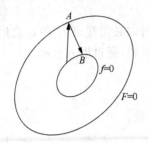

图 3.2　应力跌落示意图

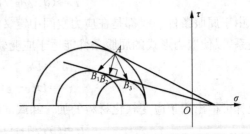

图 3.3　三种典型的应力跌落方式

由于岩石的脆性而使得屈服面在应力空间中有一非连续的变化,相应也就产生一非微分量的塑性应变增量 $\Delta\varepsilon_{ij}^{p}$。又因为脆塑性岩石仍满足 II'yushin 公设,因而可以认为跌落时的塑性应变增量的方向仍然满足塑性位势理论,即

$$\Delta\varepsilon_{ij}^{p}=\Delta\lambda\left.\frac{\partial F}{\partial\sigma_{ji}}\right|_{A} \tag{3.29}$$

式中:$\Delta\lambda$ 是塑性流动因子,小应变情况下有[12]:

$$\Delta\varepsilon_{ij}=\Delta\varepsilon_{ij}^{e}+\Delta\varepsilon_{ij}^{p} \tag{3.30}$$

如果在应力跌落过程中产生一个非零的全应变增量 $\Delta\varepsilon_{ij}$,即

$$\Delta\varepsilon_{ij}\neq0 \tag{3.31}$$

则可假设:

$$\Delta\varepsilon_{ij}^{e}+\Delta\varepsilon_{ij}^{p}=\Delta\varepsilon_{ij}=-R\Delta\varepsilon_{ij}^{e} \tag{3.32}$$

其中:R 是一个待定的非负尺度参数,不妨称为应力脆性跌落系数,需要通过具体的岩石单轴或者三轴压缩全过程试验曲线确定。下面结合图 3.4 所示的脆性比较明显的岩石的典型的单轴压缩试验全过程曲线概化图,通过其中的特征参数来确定应力脆性跌落系数 R。

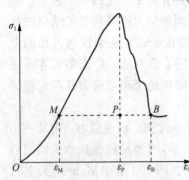

图 3.4　应力非垂直跌落示意图

$$R=\frac{b}{a} \tag{3.33}$$

式中:$b=\varepsilon_{B}-\varepsilon_{P}$,$a=\varepsilon_{P}-\varepsilon_{M}$,则理想脆塑性模型中就是 $b=0$ 的特殊情形。

另一方面,岩石的脆性是相对的,其应力脆性跌落系数当然也是相对的。在三轴试验中,岩石的脆性随围压的升高而逐渐向延性转化,故岩石的应力脆性跌落系

数也应该是围压的函数,即有:

$$R = f(\sigma_c) \tag{3.34}$$

式中:$\sigma_c = \dfrac{\sigma_2 + \sigma_3}{2}$,在常规三轴试验中有:$\sigma_c = \sigma_2 = \sigma_3$。

当用常规三轴试验确定应力脆性跌落系数时,围压可取峰值强度点的围压值。而在实际计算过程中,围压取发生应力脆性跌落的瞬间该高斯点的第二和第三主应力的平均值。关于应力脆性跌落系数的试验确定方法,将在第四章中结合大理岩和红砂岩进行详细介绍。

由式(3.32)可得:

$$\Delta \varepsilon_{ij}^e = -\theta \Delta \varepsilon_{ij}^p \tag{3.35}$$

式中:

$$\theta = \frac{1}{1+R} \tag{3.36}$$

对于理想脆塑性模型即为 $\theta = 1$ 的特例。

又因为有:

$$\Delta \sigma_{ij} = D_{ijkl} \Delta \varepsilon_{kl}^e \tag{3.37}$$

易得跌落过程的应力增量为:

$$\Delta \sigma_{ij} = \sigma_{ij}^B - \sigma_{ij}^A = -\theta \Delta \lambda D_{ijkl} \frac{\partial F}{\partial \sigma_{kl}} \Big|_A = -\theta \Delta \lambda \tau_{ij}^A \tag{3.38}$$

也即

$$\sigma_{ij}^B = \sigma_{ij}^A - \theta \Delta \lambda \tau_{ij}^A \tag{3.39}$$

式中:

$$\tau_{ij}^A = D_{ijkl} \frac{\partial F}{\partial \sigma_{kl}} \Big|_A \tag{3.40}$$

至于 $\Delta \lambda$ 则可由下式决定:

$$f(\sigma_{ij}^B) = f(\sigma_{ij}^A - \theta \Delta \lambda \tau_{ij}^A) = 0 \tag{3.41}$$

若令 $\theta \Delta \lambda = \lambda$,则式(3.41)写成:

$$f(\sigma_{ij}^B) = f(\sigma_{ij}^A - \lambda \tau_{ij}^A) = 0 \tag{3.42}$$

下面我们针对目前使用得比较多的四种屈服准则,分别给出与岩块的四种屈服准则相对应的塑性流动因子 λ 的计算方法。

1) 与岩块的 Tresca 准则相对应的塑性流动因子 λ 的计算方法

Tresca 准则为最大剪应力准则:

$$f(\sigma) = \sigma_1 - \sigma_3 - \sigma_s = 0 \tag{3.43}$$

式中:σ_s 为单轴屈服试验的极限强度。

则在主应力空间中描述岩块的峰值强度面和残余强度面分别为：

$$F(\sigma) = \sigma_1 - \sigma_3 - \sigma_s^0 = 0 \tag{3.44}$$

和

$$f(\sigma) = \sigma_1 - \sigma_3 - \sigma_s^r = 0 \tag{3.45}$$

式中：σ_s^0 和 σ_s^r 分别是峰值强度参数和残余强度参数。

则有：

$$\frac{\partial F}{\partial \sigma} = \left(\frac{\partial F}{\partial \sigma_1} \quad \frac{\partial F}{\partial \sigma_2} \quad \frac{\partial F}{\partial \sigma_3} \right)^{\mathrm{T}} = (1 \quad 0 \quad -1)^{\mathrm{T}} \tag{3.46}$$

将式(3.18)和式(3.46)代入式(3.40)易得：

$$\tau_{ij}^A = (2G \quad 0 \quad -2G)^{\mathrm{T}} \tag{3.47}$$

将式(3.47)代入式(3.39)有：

$$\begin{Bmatrix} \sigma_1^B \\ \sigma_2^B \\ \sigma_3^B \end{Bmatrix} = \begin{Bmatrix} \sigma_1^A \\ \sigma_2^A \\ \sigma_3^A \end{Bmatrix} - \lambda \begin{Bmatrix} 2G \\ 0 \\ -2G \end{Bmatrix} = \begin{Bmatrix} \sigma_1^A - 2G\lambda \\ \sigma_2^A \\ \sigma_3^A + 2G\lambda \end{Bmatrix} \tag{3.48}$$

将式(3.48)代入式(3.45)有：

$$f(\sigma^B) = \sigma_1^B - \sigma_3^B - \sigma_s^r = (\sigma_1^A - 2G\lambda) - (\sigma_3^A + 2G\lambda) - \sigma_s^r$$
$$= (\sigma_1^A - \sigma_3^A) - 4G\lambda - \sigma_s^r = 0 \tag{3.49}$$

结合式(3.44)和式(3.49)易得：

$$\lambda = (\sigma_1^A - \sigma_3^A - \sigma_s^r)/4G = (\sigma_s^0 - \sigma_s^r)/4G > 0 \tag{3.50}$$

2) 与岩块的 Von-Mises 准则相对应的塑性流动因子 λ 的计算方法

假设岩块的峰值强度面和残余强度面分别为：

$$F(\sigma) = \sqrt{3J_2} - \sigma_Y^0 = 0 \tag{3.51}$$

和

$$f(\sigma) = \sqrt{3J_2} - \sigma_Y^r = 0 \tag{3.52}$$

式中：σ_Y^0 和 σ_Y^r 分别是峰值强度参数和残余强度参数。

则有：

$$\frac{\partial F}{\partial \sigma_{ij}} = \frac{\sqrt{3}}{2\sqrt{J_2}} S_{ij} \tag{3.53}$$

将式(3.18)和式(3.53)代入式(3.40)易得：

$$\tau_{ij}^A = D_{ijkl} \left(\frac{\sqrt{3}}{2\sqrt{J_2}} S_{ij} \right) = \frac{\sqrt{3}G}{\sqrt{J_2}} S_{ij} \tag{3.54}$$

将式(3.54)代入式(3.39)有：

$$\sigma_{ij}^{B} = \sigma_{ij}^{A} - \lambda \frac{\sqrt{3}G}{\sqrt{J_2}} S_{ij} \tag{3.55}$$

将式(3.55)代入 J_2 计算式得:

$$J_2(\sigma^B) = \left(1 - \frac{\lambda\sqrt{3}G}{\sqrt{J_2(\sigma^A)}}\right)^2 J_2(\sigma^A) \tag{3.56}$$

将式(3.56)代入式(3.53)得:

$$\sqrt{\left[1 - \frac{\lambda\sqrt{3}G}{\sqrt{J_2(\sigma^A)}}\right]^2 3J_2(\sigma^A)} - \sigma_Y^r = 0 \tag{3.57}$$

易得:

$$3\lambda G = \sqrt{3J_2(\sigma^A)} - \sigma_Y^r \quad \text{或者} \quad 3\lambda G = \sqrt{3J_2(\sigma^A)} + \sigma_Y^r \tag{3.58}$$

又因为 $\sigma_Y^r = \sqrt{3}k_r$,所以有:

$$\lambda_{1,2} = \frac{\sqrt{3J_2(\sigma^A)} \pm \sigma_Y^r}{3G} = \frac{\sqrt{J_2(\sigma^A)} \pm k_r}{\sqrt{3}G} \tag{3.59}$$

显然,若 $\lambda_1 > \lambda_2$,则 $\lambda_1 > 0$,可将 λ 取为:

$$\lambda = \begin{cases} \min(\lambda_1, \lambda_2) & \lambda_2 > 0 \\ \lambda_1 & \lambda_2 \leqslant 0 \end{cases} \tag{3.60}$$

3) 与岩块的 Mohr-Coulomb 准则相对应的塑性流动因子 λ 的计算方法

Mohr-Coulomb 准则可以表达为:

$$\tau = c - \sigma_n \tan\phi \tag{3.61}$$

若 $\sigma_1 \geqslant \sigma_2 \geqslant \sigma_3$ 则可以写成:

$$(\sigma_1 - \sigma_3) = 2c\cos\phi - (\sigma_1 + \sigma_3)\sin\phi \tag{3.62}$$

假设岩块的峰值强度面和残余强度面分别为(在主应力空间中描述):

$$F(\sigma) = (\sigma_1 - \sigma_3) + (\sigma_1 + \sigma_3)\sin\phi_0 - 2c_0\cos\phi_0 = 0 \tag{3.63}$$

和

$$f(\sigma) = (\sigma_1 - \sigma_3) + (\sigma_1 + \sigma_3)\sin\phi_r - 2c_r\cos\phi_r = 0 \tag{3.64}$$

式中: c_0、ϕ_0 和 c_r、ϕ_r 分别是峰值强度参数和残余强度参数。

则有:

$$\frac{\partial F}{\partial \sigma} = \left(\frac{\partial F}{\partial \sigma_1} \quad \frac{\partial F}{\partial \sigma_2} \quad \frac{\partial F}{\partial \sigma_3}\right)^T = (1+\sin\phi_0 \quad 0 \quad \sin\phi_0 - 1)^T \tag{3.65}$$

将式(3.18)和式(3.65)代入式(3.40)易得:

$$\tau_{ij}^A = \left(2G + \left(2K + \frac{2}{3}G\right)\sin\phi_0 \quad 0 \quad \left(2K + \frac{2}{3}G\right)\sin\phi_0 - 2G\right)^T \tag{3.66}$$

将式(3.66)代入式(3.39)有:

$$\begin{Bmatrix} \sigma_1^B \\ \sigma_2^B \\ \sigma_3^B \end{Bmatrix} = \begin{Bmatrix} \sigma_1^A \\ \sigma_2^A \\ \sigma_3^A \end{Bmatrix} - \lambda \begin{Bmatrix} 2G + \left(2K + \dfrac{2}{3}G\right)\sin\phi_0 \\ 0 \\ \left(2K + \dfrac{2}{3}G\right)\sin\phi_0 - 2G \end{Bmatrix} = \begin{Bmatrix} \sigma_1^A - \left(2G + \left(2K + \dfrac{2}{3}G\right)\sin\phi_0\right)\lambda \\ \sigma_2^A \\ \sigma_3^A - \left(\left(2K + \dfrac{2}{3}G\right)\sin\phi_0 - 2G\right)\lambda \end{Bmatrix}$$

$$(3.67)$$

将式(3.67)代入式(3.64)有：

$$f(\sigma^B) = (\sigma_1^B - \sigma_3^B) + (\sigma_1^B + \sigma_3^B)\sin\phi_r - 2c_r\cos\phi_r$$

$$= (\sigma_1^A - \sigma_3^A) - 4G\lambda + (\sigma_1^A + \sigma_3^A)\sin\phi_r - \left(4K + \frac{4}{3}G\right)\sin\phi_0\sin\phi_r\lambda - 2c_r\cos\phi_r$$

$$= f(\sigma^A) - \left(4G + \left(4K + \frac{4}{3}G\right)\sin\phi_0\sin\phi_r\right)\lambda = 0 \qquad (3.68)$$

故有：

$$\lambda = \frac{f(\sigma^A)}{4G + \left(4K + \dfrac{4}{3}G\right)\sin\phi_0\sin\phi_r} \qquad (3.69)$$

又因为：

$$(\sigma_1 \quad \sigma_2 \quad \sigma_3) = 2\sqrt{\frac{J_2}{3}}\left(\sin\left(\theta + \frac{2\pi}{3}\right) \quad \sin\theta \quad \sin\left(\theta + \frac{4\pi}{3}\right)\right) + \frac{I_1}{3} \qquad (3.70)$$

所以 Mohr-Coulomb 准则可以用 I_1、J_2 和 θ 表示为：

$$f(\sigma) = \frac{2I_1}{3}\sin\phi + 2\sqrt{J_2}\left(\cos\theta - \frac{1}{\sqrt{3}}\sin\theta\sin\phi\right) - 2c\cos\phi$$

所以有：

$$f(\sigma^A) = \frac{2I_1(\sigma^A)}{3}\sin\phi_r + 2\sqrt{J_2(\sigma^A)}\left(\cos\theta(\sigma^A) - \frac{1}{\sqrt{3}}\sin\theta(\sigma^A)\sin\phi_r\right) - 2c_r\cos\phi_r > 0$$

故有：

$$\lambda = \frac{\dfrac{I_1(\sigma^A)}{3}\sin\phi_r + \sqrt{J_2(\sigma^A)}\left(\cos\theta(\sigma^A) - \dfrac{1}{\sqrt{3}}\sin\theta(\sigma^A)\sin\phi_r\right) - c_r\cos\phi_r}{2G + \left(2K + \dfrac{2}{3}G\right)\sin\phi_0\sin\phi_r} > 0 \qquad (3.71)$$

4）与岩块的 Drucker-Prager 准则相对应的塑性流动因子 λ 的计算方法

假设岩块的峰值强度面和残余强度面分别为：

$$F(\sigma) = \alpha_0 I_1 + \sqrt{J_2} - \kappa_0 = 0 \qquad (3.72)$$

和

$$f(\sigma) = \alpha_r I_1 + \sqrt{J_2} - \kappa_r = 0 \qquad (3.73)$$

式中：α_0，κ_0 和 α_r，κ_r 分别是峰值强度参数和残余强度参数。

则有：

$$\frac{\partial F}{\partial \sigma_{ij}} = \alpha_0 \delta_{ij} + \frac{1}{2\sqrt{J_2}} S_{ij} \tag{3.74}$$

将式(3.18)和式(3.74)代入式(3.40)易得：

$$\tau_{ij}^{A} = D_{ijkl}\left(\alpha_0 \delta_{ij} + \frac{1}{2\sqrt{J_2}} S_{ij}\right) = 3\alpha_0 K \delta_{ij} + \frac{G}{\sqrt{J_2}} S_{ij} \tag{3.75}$$

将式(3.75)代入式(3.39)有：

$$\sigma_{ij}^{B} = \sigma_{ij}^{A} - \lambda \tau_{ij}^{A} = \sigma_{ij}^{A} - \lambda\left(3\alpha_0 K \delta_{ij} + \frac{G}{\sqrt{J_2}} S_{ij}\right) \tag{3.76}$$

所以有：

$$I(\sigma^{B}) = \sigma_x^{B} + \sigma_y^{B} + \sigma_z^{B} = I(\sigma^{A}) - 9\lambda\alpha_0 K \tag{3.77}$$

$$J_2(\sigma^{B}) = \frac{1}{6}\left[(\sigma_x^{B} - \sigma_y^{B})^2 + (\sigma_y^{B} - \sigma_z^{B})^2 + (\sigma_z^{B} - \sigma_x^{B})^2 + 6((\tau_{xy}^{B})^2 + (\tau_{xy}^{B})^2 + (\tau_{xy}^{B})^2)\right]$$

$$= \left(1 - \frac{\lambda G}{\sqrt{J_2(\sigma^{A})}}\right)^2 J_2(\sigma^{A}) \tag{3.78}$$

将式(3.77)和式(3.78)代入式(3.73)，则有：

$$\alpha_r(I(\sigma^{A}) - 9\lambda\alpha_0 K) + \sqrt{\left(1 - \frac{\lambda G}{\sqrt{J_2(\sigma^{A})}}\right)^2}\sqrt{J_2(\sigma^{A})} - \kappa_r = 0 \tag{3.79}$$

则有：

$$\alpha_r(I(\sigma^{A}) - 9\lambda\alpha_0 K) + \left(1 - \frac{\lambda G}{\sqrt{J_2(\sigma^{A})}}\right)\sqrt{J_2(\sigma^{A})} - \kappa_r = 0 \tag{3.80}$$

或者

$$\alpha_r(I(\sigma^{A}) - 9\lambda\alpha_0 K) - \left(1 - \frac{\lambda G}{\sqrt{J_2(\sigma^{A})}}\right)\sqrt{J_2(\sigma^{A})} - \kappa_r = 0 \tag{3.81}$$

也即有：

$$(9\alpha_0\alpha_r K + G)\lambda = \alpha_r I(\sigma^{A}) + \sqrt{J_2(\sigma^{A})} - \kappa_r = f(\sigma^{A}) \tag{3.82}$$

或者

$$(9\alpha_r\alpha_0 K - G)\lambda = \alpha_r I(\sigma^{A}) - \sqrt{J_2(\sigma^{A})} - \kappa_r \tag{3.83}$$

所以有：

$$\lambda = \frac{f(\sigma^{A})}{(9\alpha_0\alpha_r K + G)} \quad \text{或者} \quad \lambda = \frac{\alpha_r I(\sigma^{A}) - \sqrt{J_2(\sigma^{A})} - \kappa_r}{(9\alpha_r\alpha_0 K - G)} \tag{3.84}$$

显然，λ 可按式(3.60)取值。

3.4　应力脆塑性跌落过程中的位移增量的工程近似处理

一般而言,脆塑性材料在应力发生脆塑性跌落的过程中均伴随着一个非零的应变增量 $\Delta\varepsilon_{ij}$,即式(3.31)。在按照式(3.42)确定了达到峰值屈服面的高斯点的应力脆塑性跌落的塑性流动因子 λ 后,可以采取如下的近似方案对该非零的应变增量 $\Delta\varepsilon_{ij}$ 进行处理。

由式(3.30)和式(3.32)易得:

$$\Delta\varepsilon_{ij}=\frac{R}{1+R}\Delta\varepsilon_{ij}^{p}\tag{3.85}$$

而由式(3.29)和式(3.40)以及式(3.42)易得:

$$\Delta\varepsilon_{ij}^{p}=\lambda/\theta D_{ijkl}^{-1}\tau_{kl}^{A}\tag{3.86}$$

将上式和式(3.36)代入式(3.85)即可得:

$$\Delta\varepsilon_{ij}=R\lambda D_{ijkl}^{-1}\tau_{kl}^{A}\tag{3.87}$$

在具体的有限元计算中,不妨做如下处理。因为有:

$$\varepsilon=BU\tag{3.88}$$

故可以在有高斯点发生应力脆塑性跌落的单元中求解上式的逆方程,即

$$U=B^{-1}\varepsilon\tag{3.89}$$

将式(3.87)中的应变增量代入上式即可求得由于某高斯点发生应力脆塑性跌落而在其所属单元上产生的位移增量值,然后,将该位移增量作为下一次不平衡力迭代循环中的位移增量的一部分进行计算即可[13]。

3.5　算例

基于上述理论研究,在传统塑性力学的基础上,引入描述脆塑性特征参数,研制脆塑性有限元分析软件,并编制 ABQUS 软件接口进行后处理。在数值模拟单轴压缩试验中采用位移控制模式,应用如图 3.4 所示的典型应力应变关系,采用 Tresca 屈服准则。试样为直径 50 mm、高度 100 mm 的圆柱体,周边自由,底部水平滚动约束,顶部分级施加位移直至试样破坏。另外,以围压为 0 的常规三轴压缩试验应力应变全过程曲线作为目标曲线,如图 3.5 中虚线所示。

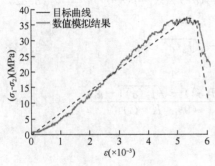

图 3.5　应力脆性跌落数值模拟

如图 3.5 所示,数值模拟结果与目标曲线非常接近。在应变为$(0\sim 2.5)\times 10^{-3}$的第一阶段,数值模拟的刚度略低于目标曲线,而在应变为$(2.5\sim 5)\times 10^{-3}$的第二阶段正好相反。这可能与目标曲线在应变为$(0\sim 5)\times 10^{-3}$的区间为一条直线有关。数值模拟最显著特征是应变介于$(5\sim 6)\times 10^{-3}$阶段的应力陡降。在应力陡降阶段,应力跌落特征与目标曲线吻合度很高,进而证明了本章上述研究成果的可行性和有效性。岩石试样在不同应变水平的塑性应变等值线如图 3.6 所示。

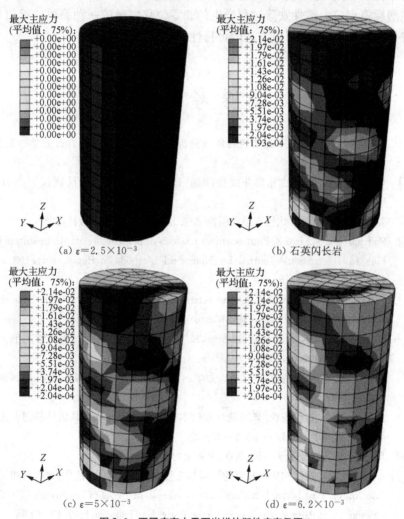

(a) $\varepsilon=2.5\times 10^{-3}$ (b) 石英闪长岩

(c) $\varepsilon=5\times 10^{-3}$ (d) $\varepsilon=6.2\times 10^{-3}$

图 3.6 不同应变水平下岩样的塑性应变云图

3.6　本章小结

　　本章在总结和引用前人成果的基础上,介绍了岩石的弹-脆-塑性分析模型以及经典塑性理论对软化材料软化速率的限制,并应用塑性位势理论,详细推导了对应于不同屈服准则的应力脆性跌落过程塑性流动因子的确定方法,最后给出了非理想脆塑性模型应力脆性跌落过程产生的非零位移增量的一种简单的近似处理方法,通过一简单算例验证了该方法的可行性。

参 考 文 献

[1]　郑宏,葛修润,李焯芬.脆塑性岩体的分析原理及其应用[J].岩石力学与工程学报,1997,16(1):8-21.

[2]　郑宏.岩土力学中的几类非线性问题[D].武汉:中国科学院武汉岩土力学研究所,2000.

[3]　殷有泉.固体力学非线性有限元引论[M].北京:北京大学出版社,1987.

[4]　Pietruszczak S,Mróz Z. Finite element analysis of deformation of strain-softening materials[J]. International Journal for Numerical Methods in Engineering, 1981, 17(3): 327-334.

[5]　Prevost J H,Hughes T J R. Finite-element solution of elastic-plastic boundary-value problems[J]. Journal of Applied Mechanics, 1981, 48(1): 69-74.

[6]　欧文(Owen,D. R. J.),辛顿(Hinton,E.)著.塑性力学有限元[M].曾国平,等译.北京:兵器工业出版社,1989.

[7]　郑颖人,沈珠江,龚晓南.广义塑性力学:岩土塑性力学原理[M].北京:中国建筑工业出版社,2002.

[8]　沈新普,岑章志,徐秉业.弹脆塑性软化本构理论的特点及其数值计算[J].清华大学学报(自然科学版),1995,35(2):22-27.

[9]　周维垣.高等岩石力学[M].北京:水利电力出版社,1990.

[10]　刘文政.脆塑性结构极限载荷的计算与工程应用[D].北京:清华大学,1989.

[11]　Ge Xiurun. Post failure behaviour and a brittle-plastic model of brittle rock[C]//Computer Methods and Advances in Geomechanics. Rotterdam:Balkema, 1997. 151-160.

[12]　黄克智,黄永刚.固体本构关系[M].北京:清华大学出版社,1999.

[13]　史贵才.脆塑性岩石破坏后区力学特性的面向对象有限元与无界元耦合模拟研究[D].武汉:中国科学院武汉岩土力学研究所,2005.

4 脆塑性岩石应力脆性跌落系数的试验研究

4.1 试验目的

脆塑性体的基本特征就是在其应力应变曲线上存在一个突变的、不可控的脆性段。推广到复杂应力状态的就是：当使应力点由某一初始弹性态加载到峰值强度面后，将发生突变而迅速跌落至残余强度面上。在数值模拟的方法上如何合理地描述岩石在破裂后的应力突降是十分重要的。对脆性比较明显的岩类而言，研究描述岩石在破裂后的应力突降的合理方法显然比研究"软化"的描述方法更切合实际[1,2]。

葛修润等给出了脆性比较明显的岩石典型全过程曲线的概化图[3]（图4.1）。将其中的峰值区尖锐化，弹性段和脆性跌落段直线化，并略去残余应力衰减，则其可简化为图4.2所示的非理想脆塑性计算模型。为了描述峰值后区应力非垂直跌落，曾提出一个待定的非负尺度参数 R，即应力脆性跌落系数的概念，并且说明，它需要通过岩石的单轴和三轴压缩试验全过程曲线中的特征参数来确定，即式(4.1)。

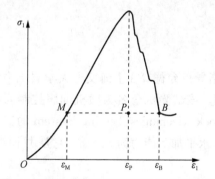

图 4.1 脆性比较明显的岩石典型全过程曲线图

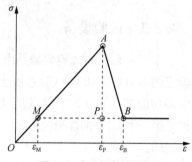

图 4.2 非理想脆塑性模型

$$R = \frac{b}{a} \tag{4.1}$$

式中：$b = \varepsilon_B - \varepsilon_P$，$a = \varepsilon_P - \varepsilon_M$，则理想脆塑性模型中就是 $b = 0$ 的特殊情形。

由图 4.2 和式(4.1)易知,采用试验确定岩石的应力脆性跌落系数 R 时,需要测定全过程曲线中的特征点 M、P 和 B 的应变值 ε_M、ε_P 和 ε_B。其中 ε_P 和 ε_B 可以直接测得,而 ε_M 在数值上等于残余强度 σ_r 按照线弹性段的弹性模量 E 计算所得的弹性应变值,即有:

$$\varepsilon_M = \sigma_r / E \tag{4.2}$$

也就是说,只需测定 σ_r、E、ε_P 和 ε_B 四个量,就能准确确定该岩石的应力脆性跌落系数 R:

$$R = \frac{\varepsilon_B - \varepsilon_P}{\varepsilon_P - \sigma_r / E} \tag{4.3}$$

另一方面,在三轴试验中,线弹性段的弹性模量 E 和全过程曲线中特征参数 σ_r、ε_P 和 ε_B 是随围压的变化而逐渐变化的,是围压的函数,即岩石的脆性随围压的升高而逐渐向延性转化,故岩石的脆性是相对的,应力脆性跌落系数当然也是相对的,它也是围压的函数,即式(3.34)。将其具体化即有:

$$R = f(\sigma_c) = \frac{\varepsilon_B(\sigma_c) - \varepsilon_P(\sigma_c)}{\varepsilon_P(\sigma_c) - \dfrac{\sigma_r(\sigma_c)}{E(\sigma_c)}} \tag{4.4}$$

式中: $\sigma_c = \dfrac{\sigma_2 + \sigma_3}{2}$。在常规三轴试验中有 $\sigma_c = \sigma_2 = \sigma_3$,故用常规三轴试验确定岩石的应力脆性跌落系数 R 时,围压可取峰值强度点的围压值。

为了在获得岩石的应力—应变全过程曲线的基础上确定岩石的应力脆性跌落系数 R,开展岩石的单轴和三轴压缩试验研究。

4.2　试验设备及试样

4.2.1　试验设备

本书所采用的试验数据是由葛修润指导卢允德等在上海交通大学岩土力学实验室的 RMT-150B 型试验系统上完成的。该试验机全名为微机伺服控制岩石力学多功能试验机,RMT 是其英文简称 Rock Mechanics Testing System 的三个单词的第一字母,轴向加荷能力为 1 000 kN,水平加荷能力为 500 kN,它是由 RMT-64 改进的。

该系列第一台试验机,是在葛修润的主持下,经过七年的艰苦研制过程在 1993 年 12 月 25 日通过中国科学院院级鉴定的。鉴定专家对该试验机给予了很高的评价,认为其达到了国际领先水平。由于其轴向加荷能力为 600 kN,水平的加荷能力为 400 kN,故取名为 RMT-64 型。这是一套多功能的岩石力学试验系统,可以做岩石和混凝土材料的单轴试验、三轴试验、岩石节理面的直剪试验和间接拉伸试验。在单轴和三轴压缩试验和直剪试验时，可以进行周期荷载作用下的疲劳试验和松弛试验，周期荷载的频率可高达 5 Hz，变化范围为 0.001～5 Hz。加载波形可设定为正弦波、三角波和方波。单轴和三轴压缩试验的控制方式可以是轴向变形（应变）率控制或剪切位移率控制，横向变形（应变）率控制和加荷速率控制。对于脆性明显的岩石能在轴向变形率保持不变的情况下进行单轴和三轴压缩试验可获得良好的峰值后区特性曲线，为许多国外有名的试验机所不及。机器的动态性能良好，轴向变形率可高达 1 mm/s，也就是说，进行单轴压缩试验时，从试件开始加载到试件破坏的整个过程不到 1 s，而且这瞬间变化的全过程曲线能实时显示在显示屏上，各项测量数据由计算机自动记录。后处理软件丰富，试验结束后可立即给出各种业已整理好的试验曲线和数据。有关 RMT-64 试验机的性能介绍请参阅文献[4]。

后来在 RMT-64 原型基础上中国科学院武汉岩土力学研究所又作了一些改进，但整个试验机结构和基本原理保持不变。现在的轴向加荷能力为 1 000 kN，水平加荷能力为 500 kN，型号是 RMT-150 型、RMT-150B 型和 RMT-150C 型等型号。图 4.3～图 4.5 为 RMT-150B 试验机的外型照片。

图 4.3　RMT-150B 外观 1　　　图 4.4　RMT-150B 外观 2　　　图 4.5　RMT-150B 外观 3

4.2.2　试样

根据成因，可将岩石划分为岩浆岩（火成岩）、沉积岩和变质岩三类。其中岩浆岩的矿物成分和物理性质比较稳定，颗粒之间的粘结力很大，具有较高的强度和均质性，容易产生脆性破坏。沉积岩的物理力学性质不仅与矿物的岩屑成分有关，而且与胶结物的性质有很大的关系，层理构造是其典型的特点。变质岩力学性质会保持原岩的某些特征,还会具有一些独特的性质。花岗岩是典型的岩浆岩,砂岩是典型的沉积岩,大理岩是典型的变质岩。为了全面反映岩石的力学性质,得到超越岩性的统一规律,试验中选取了这三种典型的岩石试件。

红砂岩采自江西贵溪,大理岩采自四川雅安。单轴试验也采用了花岗岩作试样。花岗岩分两种,红色花岗岩采自湖北大悟,黑色花岗岩采自湖北通城县。试样送中国地质大学进行电镜和成分检测,得到各种岩样的主要成分如表 4.1 所示。从表中可以看出大理岩的主要成分为方解石,砂岩的主要成分为石英和长石,而花岗岩的主要成分为长石和石英。

表 4.1　岩样的主要成分

岩　样	成　分
大理岩	石英:5%;云母:6%;方解石:89%
红砂岩	石英:60%;长石:24%;方解石:8%;高岭石:8%
花岗岩	石英:20%;长石(钾长石和钠长石):65%;黑云母:15%

试验的圆柱形试件通常是用钻孔岩芯来制备。为了避免从岩芯制备岩石试件时由于不同岩块采集深度不同造成的应力历史和应力状态等岩样性质不一致的弊病,采用从同一个大的岩块上采取密集套钻的方法来获取一组岩样试件。另外,采样和运输的过程中尽量避免外界扰动的影响。这样就保证了试验中的试件同属于同一层面,使得同一批试样的力学性质相当一致。

试样加工成直径为 50 mm、高度约为 100 mm 的圆柱形,表面平整度达±0.02 mm。为了保证试验的结果不受外界因素的影响,对加工完成的试件我们进行了严格的筛选,首先剔除表面有明显破损及可见裂纹的试件,然后剔除尺寸及平整度不符合要求的试件,最后对试件进行声波测量,波形差异较大者表明岩石内部有明显缺陷,予以剔除。为了方便试验结果的处理,对试样进行了编组,每三个相邻的试样编成一组,用 r-s 表示红砂岩(Red Sandstone),m 代表大理岩(Marble),用 r-g 代表红花岗岩(Red Granite),b-g 代表黑花岗岩(Black Granite),如 r-s-3-1 代表红砂岩第三组第一个试样,而 m-b-4 表示大理岩 b 组第四个试样。做实验前,试样放到烘干箱中以 108 ℃的温度烘 24 h,以消除含水量对岩石性质的影响。表 4.2 为试验中所用岩石的基本物理参数。另外,为了保证结果的合理性,还用游标卡尺对试样的直径和高度进行测量,以用于应力应变的计算。

另外,为了防止试样破裂之后碎片飞出伤人(单轴)或进油(三轴),试件用橡皮套密封。当然橡皮套对残余强度是有点影响的,但是因为岩石的强度比较大,这些影响对岩石来说可以忽略不计。

表 4.2 岩样的物理参数

参　数	红砂岩	大理岩	花岗岩
自然密度(g/cm³)	2.26	2.69	2.56
烘干密度(g/cm³)	2.21	2.68	2.55
含水量(%)	0.73~1.04	0.02~0.48	0.05~0.4

4.3　试验步骤

试验分单轴和三轴两部分,无论是单轴还是三轴,其控制方式都是采用纵向位移控制,其应变率大部分为 $1 \times 10^{-5}/s$ 或者 $5 \times 10^{-6}/s$。属于静态试验的范畴。也有部分试样的加载速率比较大,达到 $1 \times 10^{-4}/s$。

4.3.1　单轴试验步骤

单轴试验研究了贵溪红砂岩、雅安大理岩、通城县花岗岩、大悟花岗岩共四种岩性的全过程曲线。单轴试验时还辅以声发射仪,以获取声发射信号。

单轴压缩试验的试验步骤为:

(1) 安装试件:安装试件时要使试件和上下垫块中心对齐,不可偏心,在实验中,给试样套上橡皮套,以免试件破裂崩出伤人。

(2) 调整位移传感器:单轴试验用到的传感器包括轴向传感器和横(径)向传感器两种,轴向传感器和上垫块紧密接触,横向传感器有两个,通过测量试件径向位移的变化来读数。

(3) 试验参数的选择:包括控制模式、控制方式、波形、加载速率和选择及试验基本参数的输入,如试件的直径和高度(圆柱形试件)或者长、宽、高(长方体试件)以及估计力和变形的极限值等等。

(4) 试验的操作:试验开始先做预加载,使压头与试件完全接触,消除间隙。预加载完成计算机屏幕上会给出提示,表示可以正式开始试验。试验完全由计算机控制。

4.3.2　三轴试验步骤

三轴试验主要研究了贵溪红砂岩和雅安大理岩三轴状态下的全过程曲线,围压从 5~40 MPa,各个围压所做的试样个数不等,对于 10 MPa、20 MPa、30 MPa 和 40 MPa 这四种围压下做的试样一般是 3 个以上,甚至有的围压下达到 4 个。

三轴试验也包括以上所述的单轴试验的步骤。但是因为三轴试验要试件周围加围压,也就是要有三轴仪,围压的控制和单轴的控制其实是两个相对独立的系统,不过在 RMT-150B 试验系统中统一了起来。在三轴试验中,除了上述步骤之外,因为试样是放在三轴室中,通过油压来进行加围压的,因此,给三轴室充油和排油是三轴试验中两个繁琐的任务。在正式加压之前,给三轴室充油,然后加围压,最后加轴压。试验结束之后,三轴室的油要排出到三轴压力源中,以备下次试验用,为下一个试件的试验做准备。

在三轴试验中要注意以下问题:

(1) 在三轴试验中,为防止三轴室的油对试件的影响,必须用橡皮套密闭试件,试件与上下压头的结合面要用胶水粘结。

(2) 充油和排油时三轴压力源面板上阀的顺序千万不能错,操作不当有可能会对三轴压力源的油箱造成很大的破坏,对于气源的压力控制更应该小心。

(3) 每次充油结束,最好把气体排出,以免加不上围压,或者影响试验结果。方法是通过手动控制面板上的最下一排按钮,反复按 in 和 out,使增压器的活塞上下往复运动几次,以排去增压器中的气体,并使增压器中充满油。

(4) 每次加轴压,为了防止开始阶段的加不上(压头回弹,反复加卸荷两次,开始卸围压),可以先用大的应变率加载(或者先用力控制),然后用正常的应变率来控制。

(5) 试验要严格按照说明书进行,每次试验开始,要检查一遍,万无一失,才可以加压。

4.4　应力脆性跌落系数的试验确定

利用常规三轴压缩试验,可以很容易地得到岩石的峰值强度,也就是岩石的强度。岩石比较复杂,受各种因素的影响,虽然在试验前采用了不少有效措施,仍然难以保证同一围压下岩样的全过程曲线保持完全一致和岩石强度的均一性。为了提高试验的可信度,必须采用多个岩样的简单重复试验。对常规三轴压缩试验,国际岩石力学协会 ISRM 建议岩样数不得少于 5 个[5]。这既要花费大量的人力、物力和时间,事实上很难做到结果的完全有效。由于经费的限制,我们采用三个试件一组,原则上,每一种围压下,做三个试件,如果前两个岩样的全程曲线吻合很好,就认为满足要求,这一围压下只做两个试样,对于比较重要的围压,重复的次数较多,大部分围压下重复三次以上。而对试验的结果处理十分重要,在确定如何利用试验数据方面,存在仁者见仁、智者见智的问题。在试验的数据处理中,剔除了明显违背规律的数据,另外因为在各围压下重复试验的次数不同,不能先求出每一围压下岩样强度的平均值再线性回归确定强度和围压的关系,而应该将每个岩样的强度都作为独立的参数进行回归,以体现每个岩样所表现的材料非均质性,因而采用的处理方法是各个岩样的结果同时采用回归分析。无侧限的单轴试验看作三轴的特例,也就是围压为 0 的特殊情况,统一处理它们的强度和围压的关系。对于大理岩围压的范围为 0~30 MPa,红砂岩围压的范围为 0~40 MPa。

4.4.1 大理岩的应力脆性跌落系数的三轴试验确定

表 4.3 为试验中得到的比较典型的有代表性大理岩在三轴压缩下的全程曲线中的特征参数列表。

表 4.3　大理岩的基本试验参数表

岩样编号	截面直径 D (mm)	岩样高度 l_0 (mm)	峰值力 (kN)	峰值变形 l_P (mm)	残余力 F_r (kN)	残余变形 l_B (mm)	围压 σ_3 (MPa)
m-1-1	49.7	99.6	166.75	0.410 82	3.50	0.666 9	0
m-1-2	49.6	100.3	178.75	0.397 65	0.25	0.665 0	0
m-1-3	49.6	100.3	176.25	0.420 55	0.50	0.664 0	0
m-11-1	49.6	100.2	159.00	0.478 31	0.25	0.632 5	0
m-11-2	49.7	100.6	157.25	0.439 84	1.50	0.621 0	0
m-b-6	50.0	100.0	215.00	0.809 35	6.75	1.166 4	5
m-b-8	50.0	100.0	215.00	0.685 56	17.25	1.234 7	5
m-b-7	50.0	100.0	264.00	0.759 01	14.00	1.202 8	10
m-b-5	50.0	100.0	259.25	0.862 27	13.75	1.200 3	10
m-2-3	49.6	99.7	316.50	1.069 36	16.00	2.231 2	15
m-10-1	49.6	100.9	374.25	1.533 87	18.75	2.965 8	20
m-10-2	49.7	99.9	343.25	1.335 08	18.00	2.713 4	20
m-9-1	49.6	100.1	427.75	2.574 06	54.25	3.873 9	30

根据试验所得的应力—应变全程曲线中的特征参数按下列式计算式(4.4)中确定应力脆性跌落所需的特征参数 E、σ_r、ε_P 和 ε_B,列于表 4.4。

$$E = \sigma_P / \varepsilon_P \tag{4.5}$$

$$\sigma_r = \frac{F_r}{\pi D^2 / 4} + \sigma_3 \tag{4.6}$$

$$\varepsilon_B = l_B / l_0 \tag{4.7}$$

$$\varepsilon_P = l_P / l_0 \tag{4.8}$$

表 4.4　大理岩的特征参数表

岩样编号	峰值强度 σ_P (MPa)	峰值应变 ε_P ($\times 10^{-3}$)	残余强度 σ_r (MPa)	残余应变 ε_B ($\times 10^{-3}$)	割线模量 E (GPa)	围压 σ_3 (MPa)
m-1-1	85.95	4.124 7	1.804 1	6.695 8	20.84	0
m-1-2	92.51	3.964 6	0.129 4	6.630 1	23.33	0
m-1-3	91.22	4.192 9	0.258 8	6.620 1	21.76	0
m-11-1	82.29	4.773 6	0.129 4	6.312 4	17.24	0
m-11-2	81.06	4.372 2	0.773 2	6.173 1	18.54	0
m-b-6	109.50	8.093 5	8.437 7	11.664 2	14.15	5
m-b-8	109.63	6.855 6	13.785 4	12.347 4	16.72	5
m-b-7	134.45	7.590 1	17.130 1	12.027 6	19.03	10
m-b-5	132.03	8.622 7	17.002 8	12.003 0	16.47	10
m-2-3	163.80	10.725 8	23.280 7	22.379 0	16.67	15
m-10-1	193.69	15.201 9	29.703 9	29.393 0	14.06	20
m-10-2	176.93	13.364 2	29.278 3	27.160 9	14.74	20
m-9-1	221.38	25.714 9	58.076 7	38.700 3	9.78	30

　　图 4.6 为试验中得到的比较典型的有代表性大理岩在三轴压缩下的全程曲线。随着围压的升高,大理岩逐渐由脆性向延性的转化,峰值强度点逐渐后移,峰前的屈服阶段逐渐明显,即峰前有明显的塑性变形,应力的脆性跌落将不再发生,图 4.2 所示的计算模型将逐渐变得不合时宜,可以将其简化为图 4.7 所示的双线性弹性-线性软化-残余塑性四线型计算模型[6]。

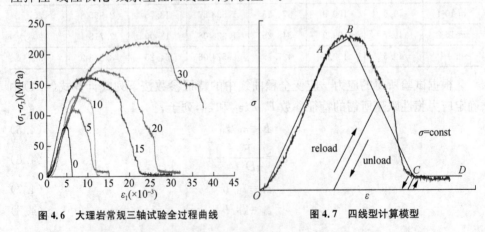

图 4.6　大理岩常规三轴试验全过程曲线　　　图 4.7　四线型计算模型

　　由表 4.4 可见,随围压的升高,大理岩的割线模量逐渐降低。我们认为弹性模量是材料的固有参数,材料一旦确定,弹性模量也就确定,它基本不受围压、应变率等外界因素的影响。而在试验中之所以会出现这样或者那样的变化,是因为材料本身的不均质性和试样的离散性以及结果处理的方法不同所致。如前所述,随围压的升高,峰值强度点逐渐后移,峰前的屈服阶段逐渐明显,故割线模量不再是岩石真实弹模的真实反映。我们取围压较小时($\sigma_3 = 0 \sim 10$ MPa)割线模量的平均值作为大理岩的线弹性段的弹性模量,即 $E = 18.68$ GPa。

将每个岩样的强度都作为独立的参数进行回归分析,无侧限的单轴试验看作三轴的特例,也就是围压为 0 的特殊情况,统一处理它们的应力—应变全过程曲线中特征参数和围压的关系。

1) 峰值应变与围压的关系

对不同围压下的 13 个岩样的峰值应变进行回归分析,得到大理岩的峰值应变与围压的关系曲线,如图 4.8 所示。其表达式为:

$$\varepsilon_{1P} = 0.016\,6\sigma_3^2 + 0.183\,5\sigma_3 + 4.645\,1 \tag{4.9}$$

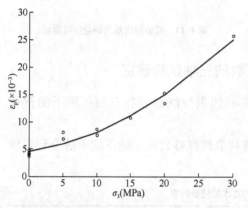
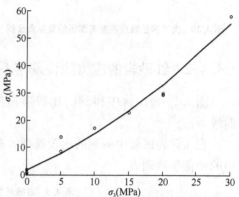

图 4.8　大理岩的峰值应变与围压的关系曲线　　　图 4.9　大理岩的残余强度与围压的关系曲线

2) 残余强度与围压的关系

对不同围压下的 13 个岩样的残余强度进行回归分析,得到大理岩的残余强度与围压的关系曲线如图 4.9 所示。其表达式为:

$$\sigma_{1r} = 0.022\,1\sigma_3^2 + 1.125\,0\sigma_3 + 1.672\,3 \tag{4.10}$$

3) 残余应变与围压的关系

对不同围压下的 13 个岩样的残余应变进行回归分析,得到大理岩的残余应变与围压的关系曲线,如图 4.10 所示。其表达式为:

$$\varepsilon_{1r} = 0.010\,7\sigma_3^2 + 0.796\,8\sigma_3 + 6.407\,2 \tag{4.11}$$

4) 应力脆性跌落系数与围压的关系

常规三轴试验时有:

$$R(\sigma_3) = \frac{\varepsilon_B(\sigma_3) - \varepsilon_P(\sigma_3)}{\varepsilon_P(\sigma_3) - \dfrac{\sigma_r(\sigma_3)}{E}} = \frac{\varepsilon_{1r}(\sigma_3) - \varepsilon_{1P}(\sigma_3)}{\varepsilon_{1P}(\sigma_3) - \dfrac{\sigma_{1r}(\sigma_3)}{E}} = \frac{-59\sigma_3^2 + 6\ 133\sigma_3 + 17\ 621}{154\sigma_3^2 + 1\ 233\sigma_3 + 45\ 556} \tag{4.12}$$

也就是说,单轴压缩时,大理岩的应力脆性跌落系数约为 0.387。

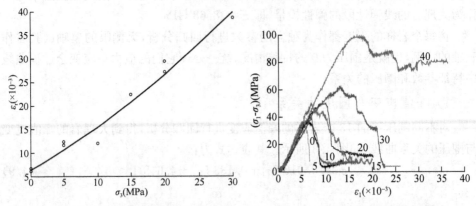

图 4.10　大理岩的残余应变与围压的关系曲线图　　图 4.11　红砂岩常规三轴全过程曲线

4.4.2　红砂岩的应力脆性跌落系数的三轴试验确定

图 4.11 为试验中得到的比较典型的有代表性红砂岩在三轴压缩下的全程曲线。

表 4.5 为试验中得到的比较典型的有代表性红砂岩在三轴压缩下的全程曲线中的特征参数列表。

表 4.5　红砂岩的基本试验参数表

岩样编号	截面直径 D (mm)	岩样高度 l_0 (mm)	峰值力 (kN)	峰值变形 l_P (mm)	残余力 F_r (kN)	残余变形 l_B (mm)	围压 σ_3 (MPa)
r-s-1-1	50.0	100.2	73.50	0.532 0	3.25	0.732 0	0
r-s-1-2	49.6	100.1	75.00	0.615 5	8.50	0.732 4	0
r-s-1-3	49.6	100.1	73.00	0.542 1	2.50	0.660 8	0
r-s-12-1	49.1	100.2	80.25	0.505 9	7.25	0.670 1	0
r-s-12-2	49.3	100.0	84.00	0.477 8	9.25	0.592 3	0
r-s-b-1	50.0	100.0	77.50	0.446 4	13.50	0.594 1	0
r-s-b-2	50.0	100.0	74.00	0.460 7	9.75	0.722 2	0
r-s-b-3	50.0	100.0	74.25	0.634 4	7.75	0.927 5	5
r-s-b-7	50.0	100.0	78.25	0.611 2	7.25	0.936 3	5
r-s-b-10	50.0	100.0	70.25	0.597 5	7.25	1.008 8	10

岩样编号	截面直径 D (mm)	岩样高度 l_0 (mm)	峰值力 (kN)	峰值变形 l_P (mm)	残余力 F_r (kN)	残余变形 l_B (mm)	围压 σ_3 (MPa)
r-s-b-9	50.0	100.0	73.50	0.663 2	6.25	0.980 3	10
r-s-c-13	50.0	100.0	75.75	0.830 4	12.75	1.060 5	10
r-s-10-2	49.2	99.7	75.50	0.682 9	13.00	0.986 7	10
r-s-c-21	50.0	100.0	97.25	0.711 9	23.75	1.422 5	15
r-s-9-1	49.3	100.5	99.00	1.011 7	36.25	1.134 2	20
r-s-9-2	49.6	100.5	98.50	1.065 5	21.25	1.741 6	20
r-s-c-2	50.0	100.0	122.00	1.335 5	84.00	1.799 1	30
r-s-c-6	50.0	100.0	197.00	1.882 2	146.75	2.750 3	40

根据试验所得的应力—应变全程曲线中的特征参数按式(4.5)～式(4.8)计算式(4.4)中确定应力脆性跌落所需的特征参数 E、σ_r、ε_P 和 ε_B，列于表 4.6。

表 4.6　红砂岩的特征参数表

岩样编号	峰值强度 σ_P (MPa)	峰值应变 ε_P ($\times 10^{-3}$)	残余强度 σ_r (MPa)	残余应变 ε_B ($\times 10^{-3}$)	割线模量 E (GPa)	围压 σ_3 (MPa)
r-s-1-1	37.43	5.309 3	1.655 2	7.305 2	7.05	0
r-s-1-2	38.82	6.148 9	4.399 1	7.3166	6.31	0
r-s-1-3	37.78	5.415 3	1.293 9	6.6015	6.98	0
r-s-12-1	42.38	5.049 0	3.829 0	6.6875	8.39	0
r-s-12-2	44.00	4.778 1	4.845 7	5.9227	9.21	0
r-s-b-1	39.47	4.463 5	6.875 5	5.9409	8.84	0
r-s-b-2	37.69	4.606 6	4.965 6	7.2219	8.18	0
r-s-b-3	37.82	6.343 7	8.947 0	9.2751	6.75	5
r-s-b-7	39.85	6.112 3	8.692 4	9.3634	7.34	5
r-s-b-10	35.78	5.975 0	13.692 4	10.0884	7.66	10
r-s-b-9	37.43	6.632 4	13.183 1	9.8025	7.15	10
r-s-c-13	38.58	8.303 8	16.493 5	10.6046	5.85	10
r-s-10-2	39.71	6.849 7	16.837 9	9.8964	7.26	10
r-s-c-21	49.53	7.119 4	27.095 8	14.2245	9.06	15
r-s-9-1	51.86	10.066 3	38.990 0	11.2856	7.14	20
r-s-9-2	50.98	10.601 9	30.997 8	17.3294	6.69	20
r-s-c-2	62.13	13.354 8	72.780 8	17.9906	6.90	30
r-s-c-6	100.33	18.822 3	114.739 2	27.5027	7.46	40

随着围压的升高,红砂岩逐渐由脆性向延性转化,峰值强度点逐渐后移,残余强度值逐渐升高,应力的脆性跌落将不再发生,图4.2所示的计算模型将逐渐变得不合时宜,可以将其简化为图4.7所示的双线性弹性-线性软化-残余塑性四线型计算模型[6]。

由表4.6可见,随围压的升高,红砂岩的割线模量略有波动,但是变化不大。我们认为弹性模量是材料的固有参数,材料一旦确定,弹性模量也就确定,它基本不受围压、应变率等外界因素的影响。而在试验中之所以会出现这样或者那样的变化,是因为材料本身的不均质性和试样的离散性以及结果处理的方法不同所致。我们取试验中所得的割线模量的平均值作为红砂岩的线弹性段的弹性模量,即 $E=7.46$ GPa。

将每个岩样的强度都作为独立的参数进行回归分析,无侧限的单轴试验看作三轴的特例,也就是围压为0的特殊情况,统一处理它们的应力—应变全过程曲线中特征参数和围压的关系。

1）峰值应变与围压的关系

对不同围压下的18个岩样的峰值应变进行回归分析,得到红砂岩的峰值应变与围压的关系曲线,如图4.12所示。其表达式为：

$$\varepsilon_{1P}=0.0053\sigma_3^2+0.1258\sigma_3+5.1504 \tag{4.13}$$

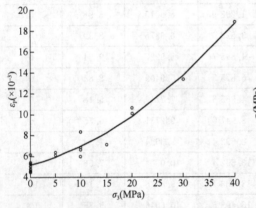
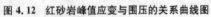

图 4.12 红砂岩峰值应变与围压的关系曲线图

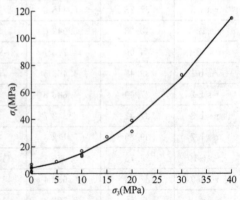

图 4.13 红砂岩残余强度与围压的关系曲线

2）残余强度与围压的关系

对不同围压下的18个岩样的残余强度进行回归分析,得到红砂岩的残余强度与围压的关系曲线,如图4.13所示。其表达式为：

$$\sigma_{1r}=0.0561\sigma_3^2+0.5319\sigma_3+4.1154 \tag{4.14}$$

3）残余应变与围压的关系

对不同围压下的 18 个岩样的残余应变进行回归分析，得到红砂岩的残余应变与围压的关系曲线，如图 4.14 所示。其表达式为：

$$\varepsilon_{1r}=0.005\ 2\sigma_3^2+0.303\ 0\sigma_3+6.842\ 9 \tag{4.15}$$

4）应力脆性跌落系数与围压的关系

常规三轴试验时有：

$$R(\sigma_3)=\frac{\varepsilon_B(\sigma_3)-\varepsilon_P(\sigma_3)}{\varepsilon_P(\sigma_3)-\dfrac{\sigma_r(\sigma_3)}{E}}=\frac{\varepsilon_{1r}(\sigma_3)-\varepsilon_{1P}(\sigma_3)}{\varepsilon_{1P}(\sigma_3)-\dfrac{\sigma_{1r}(\sigma_3)}{E}}=\frac{\sigma_3^2-1\ 772\sigma_3-16\ 925}{22\sigma_3^2-545\sigma_3-45\ 987} \tag{4.16}$$

也就是说，单轴压缩时，大理岩的应力脆性跌落系数约为 0.367。

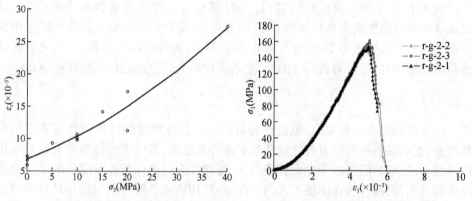

图 4.14　大理岩的残余应变与围压的关系曲线图　　　图 4.15　花岗岩单轴压缩全程曲线

4.4.3　花岗岩的应力脆性跌落系数的单轴试验确定

图 4.15 为试验得到的比较典型的有代表性花岗岩在单轴压缩下的全程曲线。表 4.7 为试验中得到的比较典型的有代表性花岗岩在单轴压缩下的全程曲线中的特征参数列表。

表 4.7　花岗岩的基本试验参数表

岩样编号	截面直径 D (mm)	岩样高度 l_0 (mm)	峰值力 (kN)	峰值变形 l_P (mm)	残余力 F_r (kN)	残余变形 l_B (mm)	围压 σ_3 (MPa)
r-g-2-1	49.8	100.2	300.25	0.499 46	10.50	0.596 2	0
r-g-2-2	49.6	100.0	298.25	0.493 53	11.00	0.598 2	0
r-g-2-3	49.5	100.1	311.75	0.505 12	10.75	0.598 3	0
b-g-1-1	50.0	100.0	281.00	0.441 29	16.50	0.584 9	0
b-g-1-2	49.8	100.2	267.25	0.563 49	17.00	0.737 3	0

根据试验所得的应力—应变全程曲线中的特征参数按式(4.5)～式(4.8)计算式(4.4)中确定应力脆性跌落所需的特征参数 E、σ_r、ε_P 和 ε_B，列于表4.8。

表4.8　花岗岩的特征参数表

岩样编号	峰值强度 σ_P (MPa)	峰值应变 ε_P ($\times 10^{-3}$)	残余强度 σ_r (MPa)	残余应变 ε_B ($\times 10^{-3}$)	割线模量 E (GPa)	围压 σ_3 (MPa)
r-g-2-1	154.15	4.984 6	5.390 6	5.950 3	30.92	0.201
r-g-2-2	154.36	4.935 3	5.693 0	5.982 4	31.28	0.220
r-g-2-3	162.00	5.046 2	5.586 1	5.976 8	32.10	0.191
b-g-1-1	143.11	4.412 9	8.403 4	5.848 6	32.43	0.346
b-g-1-2	137.20	5.623 7	8.727 7	7.358 1	24.40	0.329

应用表4.8中的数据按照式(4.4)计算应力脆性跌落系数列于表4.8。从表4.8中应力脆性跌落系数和图4.15可以看出，脆性岩石的后区斜率相对于中低强度的岩石来说要大得多，总体变形也小了不少，表现出很大的脆性，但是后区依然是可控的，仍然可以得到后区曲线，岩石强度越大，脆性越强，离散性越小。

4.4.4　小结

由上面的试验可以得出：脆塑性岩石的应力脆性跌落的过程中伴有非零的位移增量；脆塑性岩石的应力脆性跌落是有条件发生的，其应力脆性跌落系数是围压的函数，并且随着围压的增大而迅速增大；脆塑性岩石的性质随围压的增大而迅速由脆性向延性转变；在围压不大的情况下，使用图4.2所示的脆塑性计算模型是合理的，而且似乎是选择余地不大的解决方案之一；当围压较大时，岩石在达到峰值强度之前已经累积了一定量的塑性变形，用图4.7所示的双线性弹性-线性软化-残余塑性四线型计算模型显得更为合适。

致谢：感谢卢允德为作者提供大量的实验数据，并在数据处理等方面给予无私的帮助，所有相关岩石应力应变全过程曲线附于文末。

4.5　本章算例

在一理想化均质大理岩介质中构筑某地下工程，其埋深550 m，材料参数如表4.9。开挖硐室的断面及尺寸如图4.16所示，长度为300 m，分四步完成开挖(见图4.17)。计算模型的范围取图4.16中轮廓线分别向外拓展50 m，而硐室两端各向外拓展100 m。底部施加固定约束，为了消除边界效应，底部再向下拓展50 m。三维计算模型如图4.18所示。地应力场只考虑自重应力。在顶面施加上覆岩体自重应力，即压应力12.5 MPa，而四个侧面分别施加上底3.125 MPa、下底4.275 MPa的梯形压应力。计算网格如图4.19所示，单元总数33 240，节点总数36 267。硐室开挖计算模型及网格分别如图4.20和图4.21所示,开挖单元总数为1884。

表 4.9 材料参数表

弹模	泊松比	密度	峰值强度参数			残余强度参数		
			粘结力	摩擦角	抗拉强度	粘结力	摩擦角	抗拉强度
18.68 GPa	0.25	2 500 kg/m³	2.5 MPa	56.31°	1.5 MPa	0.5 MPa	50.00°	1.8 MPa

图 4.16 硐室的断面及尺寸

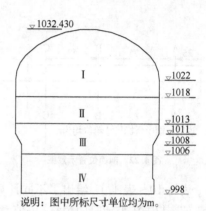

图 4.17 开挖分步示意图

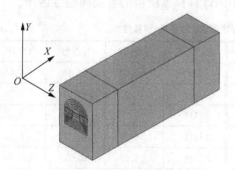

图 4.18 三维计算模型

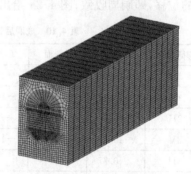

图 4.19 计算模型网格

图 4.20 开挖分步示意图

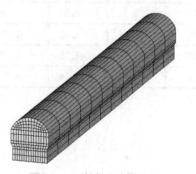

图 4.21 开挖部分计算网格

采用等面积圆广义 Von Mises 屈服条件[7]分别对该问题进行三维弹塑性、理想脆塑性和非理想脆塑性计算。为了便于比较应力和变形沿地下构筑物纵向的变化情况,图 4.22 和图 4.23 分别给出了剖面的位置和各剖面特征点的布置图。

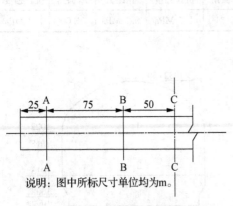

说明:图中所标尺寸单位均为 m。

图 4.22　剖面位置示意图

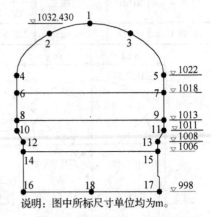

说明:图中所标尺寸单位均为 m。

图 4.23　各剖面特征点的布置图

表 4.10~表 4.12 给出了不同计算模型所得的开挖完成以后各剖面特征点的位移值,其中 V 表示竖向位移,负值意味着下沉,正值意味着隆起;H 表示水平方向的位移,即硐周收敛;图 4.24 给出了不同计算模型所得的各剖面塑性区图。

表 4.10　成洞后特征部位围岩位移值表(弹塑性)　　　　　　单位:mm

特征部位	A 剖面	B 剖面	C 剖面	特征部位	A 剖面	B 剖面	C 剖面
1V	−19.38	−22.81	−23.19	9H	−0.90	0.43	0.65
2V	−15.24	−18.24	−18.57	10H	0.75	−0.53	−0.75
2H	−0.98	−1.99	−2.14	11H	−0.96	0.32	0.55
3V	−15.26	−18.26	−18.57	12H	1.71	0.53	0.33
3H	0.77	1.79	1.97	13H	−1.93	−0.76	−0.53
4H	−1.03	−2.42	−2.61	14H	1.80	0.72	0.53
5H	0.87	2.28	2.48	15H	−2.04	−0.96	−0.75
6H	0.14	−1.33	−1.53	16H	−1.14	−1.59	−1.70
7H	−0.28	1.19	1.40	17H	0.10	0.19	0.15
8H	0.75	−0.59	−0.80	18V	4.38	4.07	3.88

表 4.11　成洞后特征部位围岩位移值表（理想脆塑性）　　　　　　　单位：mm

特征部位	A 剖面	B 剖面	C 剖面	特征部位	A 剖面	B 剖面	C 剖面
1V	−20.63	−24.61	−25.07	9H	−2.11	−0.37	−0.07
2V	−16.54	−20.04	−20.44	10H	1.91	0.21	−0.06
2H	−0.54	−1.81	−2.04	11H	−2.20	−0.50	−0.19
3V	−16.56	−20.05	−20.45	12H	3.22	1.63	1.39
3H	0.33	1.60	1.85	13H	−3.54	−1.97	−1.65
4H	−0.52	−2.42	−2.70	14H	3.08	1.67	1.45
5H	0.35	2.26	2.56	15H	−3.44	−2.01	−1.75
6H	1.00	−1.01	−1.30	16H	−0.97	−1.56	−1.70
7H	−1.17	0.85	1.15	17H	0.03	0.11	0.08
8H	1.90	0.14	−0.12	18V	4.74	4.41	4.20

表 4.12　成洞后特征部位围岩位移值表（非理想脆塑性）　　　　　　　单位：mm

特征部位	A 剖面	B 剖面	C 剖面	特征部位	A 剖面	B 剖面	C 剖面
1V	−22.26	−24.98	−25.15	9H	−1.68	−0.18	−0.12
2V	−18.07	−20.38	−20.52	10H	1.55	0.03	−0.09
2H	−0.94	−1.94	−2.12	11H	−1.85	−0.31	−0.23
3V	−18.07	−20.38	−20.61	12H	2.87	1.49	1.46
3H	0.75	1.74	1.93	13H	−3.19	−1.8	−1.69
4H	−1.1	−2.61	−2.76	14H	2.77	1.53	1.51
5H	0.94	2.45	2.63	15H	−3.1	−1.87	−1.83
6H	0.27	−1.2	−1.38	16H	−1.01	−1.66	−1.78
7H	−0.45	1.03	1.22	17H	0	0.11	0.11
8H	1.44	−0.04	−0.15	18V	4.94	4.56	4.33

　　从表 4.10~表 4.12 中不同计算模型所得的开挖完成以后各剖面特征点的位移值以及图 4.24 中不同计算模型所得的各剖面塑性区图，我们不难看出，对于脆塑性岩石，弹塑性计算结果是明显偏于危险的；非理想脆塑性模型计算所得的应力比理想脆塑性模型的略大，但是差别不是很大，而非理想脆塑性模型计算所得的位移明显比理想脆塑性模型的大，且这种差别应随应力脆性跌落系数的增大而相应增大。

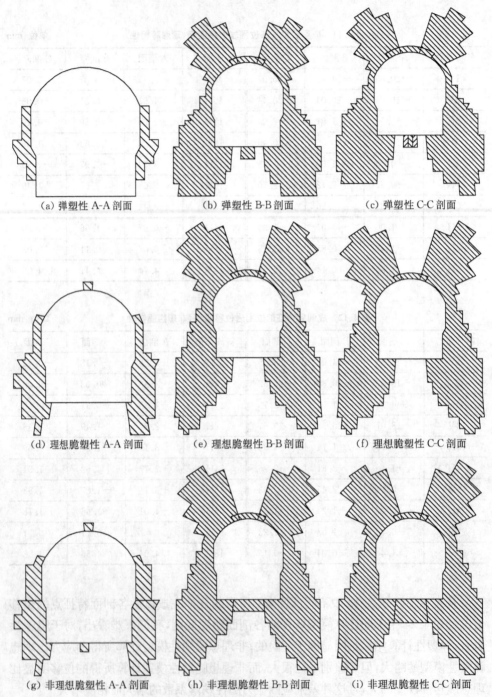

(a) 弹塑性 A-A 剖面　　　(b) 弹塑性 B-B 剖面　　　(c) 弹塑性 C-C 剖面

(d) 理想脆塑性 A-A 剖面　　(e) 理想脆塑性 B-B 剖面　　(f) 理想脆塑性 C-C 剖面

(g) 非理想脆塑性 A-A 剖面　(h) 非理想脆塑性 B-B 剖面　(i) 非理想脆塑性 C-C 剖面

图 4.24　不同计算模型所得的各剖面塑性区图

4.6　本章小结

　　对大理岩、红砂岩和花岗岩等几种脆性比较明显的岩石进行了应力脆性跌落系数的试验研究,认为脆塑性岩石的脆性是相对的,随着围压的增大,岩石逐渐由脆性向延性转化;脆塑性岩石的应力脆性跌落在围压不大的情形下发生,其应力脆性跌落系数是围压的函数,并给出了大理岩和红砂岩的应力脆性跌落系数与围压的关系表达式。在试验的基础上,对某一理想化均质大理岩介质中构筑某地下工程进行了弹塑性、理想脆塑性和非理想脆塑性三维有限元分析。经过对比得出:对于脆塑性岩石,弹塑性计算结果是明显偏于危险的;非理想脆塑性模型计算所得的应力比理想脆塑性模型略大,但差别不是很大,而非理想脆塑性模型计算所得的位移明显比理想脆塑性模型的大,且这种差别应随应力脆性跌落系数的增大而相应增大。

参 考 文 献

[1]　郑宏,葛修润,李焯芬. 脆塑性岩体的分析原理及其应用[J]. 岩石力学与工程学报,1997,16(1):8-21.

[2]　郑宏. 岩土力学中的几类非线性问题[D]. 武汉:中国科学院武汉岩土力学研究所,2000.

[3]　Ge Xiurun. Post failure behaviour and a brittle-plastic model of brittle rock[C]//Computer Methods and Advances in Geomechanics. Rotterdam:Balkema, 1997. 151-160.

[4]　葛修润,周百海. 岩石力学室内试验装置的新进展——RMT-64 岩石力学试验系统[J]. 岩土力学,1994,15(1),50-56.

[5]　尤明庆. 岩石试样的强度及变形破坏过程[M]. 北京:地质出版社,2000.

[6]　卢允德. 岩石三轴压缩试验及线性软化本构模型的研究[D]. 上海:上海交通大学,2003.

[7]　徐干成,郑颖人. 岩石工程中屈服准则应用的研究[J]. 岩土工程学报,1990,12(2):93-99.

5 岩土工程常用屈服条件的对比研究

5.1 概述

岩石的强度理论是在大量的试验基础上，并加以归纳、分析描述才建立起来的。由于岩石的成因不同和矿物成分的不同，使岩石的破坏特性会存在着许多差别。此外，不同的受力状态也将影响其强度特性。因此，有人根据岩石的不同破坏机理，建立了多种强度准则。这些准则在实践中不少已经被淘汰了。其中，由Mohr 提出的，后经 Coulomb 修正的莫尔-库仑（Mohr-Coulomb）定律为基础的摩擦型屈服准则在实践中久经考验，至今在岩石工程中仍被广泛采用。然而，由于 Mohr-Coulomb 准则六边形屈服面是不光滑的，而且存在尖角。这些尖角会导致其应用于塑性理论时在数值计算上存在困难，目前编制的岩土工程有限元软件，大都采用德鲁克-普拉格（Drucker-Prager）屈服准则[1]。但是，由于这一准则在 π 平面上为 Mohr-Coulomb 不等角六边形的内切圆，故与 Mohr-Coulomb 准则出入较大，计算所得的变形和塑性区域与工程中实际监测所得值相比往往偏大。本书针对 Mohr-Coulomb 准则，在 π 平面上分别采用外接、内接、内切和等面积等不同半径的广义冯·米赛斯（Von Mises）圆屈服曲线去逼近 Mohr-Coulomb 六边形直边，以期找到比较适合目前脆塑性材料的弹脆塑性有限元计算的屈服条件。

5.2 岩土材料的屈服条件

5.2.1 莫尔（Mohr）条件的基本思想

Mohr 强度理论是建立在试验数据的统计基础之上的。Mohr 认为：岩石不是在简单的应力状态下发生破坏的，而是在不同的正应力和剪应力组合下，才使其丧失承载能力的。或者说，当岩石某个特定的面上作用着的正应力、剪应力达到一定的数值时，随即发生破坏。Mohr 同时对其破坏特征做了一些近似的假设。他认为：岩石的强度值与中间主应力 σ_2 的大小无关，同时，岩石宏观的破裂面基本上平行于中间主应力的作用方向。据此，Mohr 强度理论可以以剪应力 τ 为纵轴正应力

σ 为横轴的直角下,用极限 Mohr 应力圆加以描述。在上述坐标轴下,无数个极限应力圆上,破坏点的轨迹线被称为 Mohr 强度线,也可以称为 Mohr 包络线。这条包络线可以用一个方程来表示:

$$\tau = f(\sigma) \tag{5.1}$$

如果掌握了某种岩石的强度包络线,即可对该类岩石的破坏状态进行评价。根据强度包络线的含意,只要作用在某种岩石上某个特定的作用面上的应力与包络线上的应力值相等时,该岩石即沿这特定的作用面产生宏观的破裂面而破坏。若用极限应力圆来表示的话,则极限应力圆上的某一点与强度包络线相切,即表示在该应力状态下,岩石发生破坏。

5.2.2 莫尔-库仑(Mohr-Coulomb)条件

Coulomb 为了克服 Mohr 强度包络线中的不足之处,为了使强度包络线更加简洁,提出了用直线公式给出的强度包络线,即 Coulomb 定律,其公式如下:

$$\tau_f = c - \sigma_n \tan\varphi \tag{5.2}$$

式中:τ_f 为极限抗剪强度;σ_n 为受剪面上的法向应力,以拉为正(在岩土力学中常取压应力为正,则上式右端的负号应该改为正号);c、φ 分别为该类岩土的粘聚力和内摩擦角,需要由试验确定。

把式(5.2)推广到平面应力状态,就成为 Mohr-Coulomb 条件(见图 5.1)。

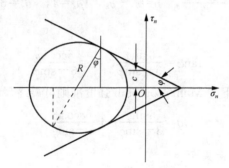

图 5.1 莫尔-库仑屈服条件

Mohr-Coulomb 条件还可以写成如下几种形式:

1) 主应力表示的形式

$$\frac{1}{2}(\sigma_1 - \sigma_3) = c\cos\varphi - \frac{1}{2}(\sigma_1 + \sigma_3)\sin\varphi \tag{5.3a}$$

或者

$$\sigma_1(1+\sin\varphi) - \sigma_3(1-\sin\varphi) = 2c\cos\varphi \tag{5.3b}$$

2）以 p、q 表示

$$q = \bar{c} - p\tan\bar{\varphi} \tag{5.4}$$

式中：

$$p = \frac{\sigma_1 + \sigma_2 + \sigma_3}{3}$$

$$q = \frac{1}{\sqrt{2}}\left[(\sigma_1 - \sigma_2)^2 + (\sigma_2 - \sigma_3)^2 + (\sigma_3 - \sigma_1)^2\right]^{\frac{1}{2}}$$

$$\tan\bar{\varphi} = \frac{3\sin\varphi}{\sqrt{3}\cos\theta_\sigma - \sin\theta_\sigma \sin\varphi} \tag{5.5}$$

$$\bar{c} = \frac{3c\cos\varphi}{\sqrt{3}\cos\theta_\sigma - \sin\theta_\sigma \sin\varphi}$$

而 θ_σ 为 Lode 角，定义为：

$$\theta_\sigma = \arctan(\mu_\sigma/\sqrt{3}) \tag{5.6}$$

式中：μ_σ 为洛德（Lode）参数，定义为：

$$\mu_\sigma = \frac{2\sigma_2 - (\sigma_1 + \sigma_3)}{\sigma_1 - \sigma_3} = 2\frac{\sigma_2 - \sigma_3}{\sigma_1 - \sigma_3} - 1 \tag{5.7}$$

对于常规三轴压缩试验，$0 > \sigma_1 = \sigma_2 > \sigma_3$，所以有：

$$p = \frac{2\sigma_1 + \sigma_3}{3}, \quad q = \sigma_1 - \sigma_3, \quad \mu_\sigma = 1, \quad \theta_\sigma = 30° \tag{5.8}$$

此时有：

$$\tan\bar{\varphi} = \frac{6\sin\varphi}{3 - \sin\varphi}, \quad \bar{c} = \frac{6c\cos\varphi}{3 - \sin\varphi} \tag{5.9}$$

则常规三轴压缩条件下的 Mohr-Coulomb 强度准则可最终写成：

$$q = \frac{6\sin\varphi}{3 - \sin\varphi}p + \frac{6c\cos\varphi}{3 - \sin\varphi} \tag{5.10}$$

3）以应力不变量表示

因为

$$(\sigma_1 \quad \sigma_2 \quad \sigma_3) = 2\sqrt{\frac{J_2}{3}}\left(\sin\left(\theta_\sigma + \frac{2\pi}{3}\right) \quad \sin\theta_\sigma \quad \sin\left(\theta_\sigma + \frac{4\pi}{3}\right)\right) + \frac{I_1}{3} \tag{5.11}$$

所以 Mohr-Coulomb 准则（5.3a）也可以用 I_1、J_2 和 θ_σ 表示为：

$$f(\sigma) = \frac{I_1}{3}\sin\varphi + \sqrt{J_2}\left(\cos\theta_\sigma - \frac{1}{\sqrt{3}}\sin\theta_\sigma\sin\varphi\right) - c\cos\varphi = 0 \tag{5.12}$$

另外，Mohr-Coulomb 准则还可以有八面体剪应力与正应力等其他表示方法，在此不再详述。

5.2.3　德鲁克-普拉格(Drucker-Prager)条件

于 1952 年正式提出的 Drucker-Prager,是金属塑性力学中 Von Mises 准则的简单修正,它考虑了平均应力(p 或 σ_m 或 I_1)对屈服面的影响。这一准则的数学表达式为:

$$f(I_1,J_2)=\alpha I_1+\sqrt{J_2}-k=0 \qquad (5.13)$$

式中:α、k 为材料常数,当 α 为零时,则 Drucker-Prager 退化为 Von Mises 准则,故 Drucker-Prager 准则也称为广义的 Von Mises 准则。

Mohr-Coulomb 准则是使用方便、物理意义明确的强度理论,也十分符合岩土材料的屈服和破坏特性,但是 Mohr-Coulomb 准则由于其屈服面存在棱角,在主应力空间中 Mohr-Coulomb 屈服面是个不等角的六边形锥体[2],在岩体力学的有限元分析中,如果应力落在了棱角和棱角附近,屈服函数沿曲面的外法线方向导数不易确定,则粘塑性的应变率不易确定,这增加了使用上的困难;另外在角锥顶点也存在不连续的问题。而 Drucker-Prager 准则正可以被看作 Mohr-Coulomb 准则为避开这些困难而做的光滑近似[3]。

Drucker-Prager 给出了平面应变状态下式(5.13)中的材料常数 α、k 的具体表达式,即

$$\alpha=\frac{\sin\varphi}{\sqrt{3}\sqrt{3+\sin^2\varphi}}=\frac{\tan\varphi}{(9+12\tan^2\varphi)^{\frac{1}{2}}};\quad k=\frac{\sqrt{3}c\cos\varphi}{\sqrt{3+\sin^2\varphi}}=\frac{3c}{(9+12\tan^2\varphi)^{\frac{1}{2}}}$$

$$(5.14)$$

其具体证明过程请参考文献[4]。

5.2.4　广义米赛斯条件

后来,广大学者又导出了式(5.13)中的材料常数 α、k 的许多值。式(5.13)及其各种 α、k 值统称为广义 Von Mises 条件,而将具有式(5.14)所述的特定的 α、k 值的广义 Von Mises 条件称为 Drucker-Prager 条件[5]。

在式(5.12)中取不同的 θ_σ 值,即可以得到不同的 α、k 值,由此可以得到大小不同的圆锥形屈服面。

当取 $\theta_\sigma=-\dfrac{\pi}{6}$ 时,为受拉破坏,可得:

$$\alpha=\frac{2\sin\varphi}{\sqrt{3}(3+\sin\varphi)};\quad k=\frac{6c\cos\varphi}{\sqrt{3}(3+\sin\varphi)} \qquad (5.15)$$

当取 $\theta_\sigma=\dfrac{\pi}{6}$ 时,为受压破坏,可得:

$$\alpha = \frac{2\sin\varphi}{\sqrt{3}\,(3-\sin\varphi)}; \quad k = \frac{6c\cos\varphi}{\sqrt{3}\,(3-\sin\varphi)} \tag{5.16}$$

当取 $\theta_\sigma = \arctan\left(-\dfrac{\sin\varphi}{\sqrt{3}}\right)$ 时得式(5.14)，即 Drucker-Prager 条件。

依据偏平面上等效圆的面积与 Mohr-Coulomb 条件的面积相等，徐干成、郑颖人等还提出了与 Mohr-Coulomb 条件等面积圆的屈服条件[6]，得：

$$\theta_\sigma = \arcsin\left\{\frac{-\dfrac{2}{3}A\sin\varphi + \left[\dfrac{4A^2\sin^2\varphi}{9} - 4\left(\dfrac{\sin^2\varphi}{3}+1\right)\left(\dfrac{A^2}{3}-1\right)\right]^{\frac{1}{2}}}{2\left(\dfrac{\sin^2\varphi}{3}+1\right)}\right\}$$

$$\tag{5.17}$$

$$A = \sqrt{\frac{\pi(9-\sin^2\varphi)}{6\sqrt{3}}}$$

$$\alpha = \frac{\sin\varphi}{\sqrt{3}\,(\sqrt{3}\cos\theta_\sigma - \sin\theta_\sigma \sin\varphi)}, \quad k = \frac{\sqrt{3}\,c\cos\varphi}{\sqrt{3}\cos\theta_\sigma - \sin\theta_\sigma \sin\varphi}$$

以式(5.14)～式(5.17)中的 α、k 作为系数的四个圆锥形屈服面中，式(5.16)为通过 Mohr-Coulomb 不等角六角锥外角点的外接圆锥，可称为外角圆；式(5.15)为通过 Mohr-Coulomb 不等角六角锥内角点的外接圆锥，可称为内角圆；式(5.14)为 Mohr-Coulomb 不等角六角锥的内切圆锥；式(5.17)为 Mohr-Coulomb 不等角六角锥的等面积圆。我们顺着静水压力轴的反方向，即从上向下看 π 平面，则各广义 Von Mises 圆锥在 π 平面上的截面如图 5.2 所示。

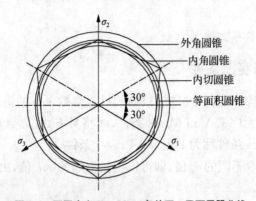

图 5.2　不同广义 Von Mises 条件下 π 平面屈服曲线

如果在 π 平面上取极坐标 r_σ、θ_σ，其中 r_σ 与 σ_1 轴正向夹角 30°，而 θ_σ 取逆时针为正，则有：

$$r_\sigma = \frac{1}{\sqrt{3}}[(\sigma_1-\sigma_2)^2 + (\sigma_2-\sigma_3)^2 + (\sigma_3-\sigma_1)^2]^{\frac{1}{2}} = \sqrt{2J_2} \tag{5.18}$$

又因为在 π 平面上有: $I_1 = 0$,故由式(5.13)易知:

$$\sqrt{J_2} = k \tag{5.19}$$

比较式(5.18)和式(5.19)易得:

$$r_\sigma = \sqrt{2}\,k \tag{5.20}$$

分别将式(5.14)~式(5.17)中的系数 k 代入式(5.20)得四个广义 Von Mises 条件圆锥形屈服面在 π 平面上的半径:

外角圆半径:

$$\rho = \frac{2\sqrt{6}\,c\cos\varphi}{3 - \sin\varphi} \tag{5.21}$$

内角圆半径:

$$\rho = \frac{2\sqrt{6}\,c\cos\varphi}{3 + \sin\varphi} \tag{5.22}$$

内切圆半径:

$$\rho = \frac{\sqrt{6}\,c\cos\varphi}{\sqrt{3 + \sin^2\varphi}} = \frac{3\sqrt{2}\,c}{\sqrt{9 + 12\tan^2\varphi}} \tag{5.23}$$

等面积圆的半径:

$$\rho = \frac{\sqrt{6}\,c\cos\varphi}{\sqrt{3}\cos\theta_\sigma - \sin\theta_\sigma\sin\varphi}$$

$$\theta_\sigma = \arcsin\left\{\frac{-\dfrac{2}{3}A\sin\varphi + \left[\dfrac{4A^2\sin^2\varphi}{9} - 4\left(\dfrac{\sin^2\varphi}{3} + 1\right)\left(\dfrac{A^2}{3} - 1\right)\right]^{\frac{1}{2}}}{2\left(\dfrac{\sin^2\varphi}{3} + 1\right)}\right\} \tag{5.24}$$

$$A = \sqrt{\frac{\pi(9 - \sin^2\varphi)}{6\sqrt{3}}}$$

由式(5.21)~式(5.24)可知,各广义 Von Mises 条件圆锥形屈服面在 π 平面上半径均是材料参数 c、φ 的函数,将 c 取为单位值 1 时,各圆锥形屈服面在 π 平面上半径随材料参数 φ 的变化如图 5.3 所示。

由图 5.3 可以看出,各广义 Von Mises 条件圆锥形屈服面在 π 平面上的半径随材料参数 φ 的是不断变化的,而且它们之间的相对大小也不是

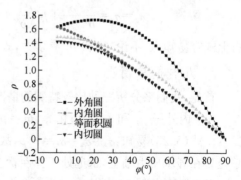

图 5.3 各广义 Von Mises 圆锥形屈服面在 π 平面上的半径随材料参数 φ 的变化图

一成不变的,所以直观上很难断定哪种准则比哪种准则更好,应该根据具体的问题以及具体的材料参数 c、φ 的不同而选择合适的圆锥形屈服面去逼近 Mohr-Coulomb 屈服面。

5.3 用广义 Mises 屈服条件去逼近莫尔-库仑屈服条件的研究

5.3.1 理想弹塑性厚壁球壳受内外压问题

有一受均匀内压 p_1 和均匀外压 p_2 作用的理想弹塑性厚壁球壳,其内外半径分别为 a 和 b(见图 5.4)。假设为 Mohr-Coulomb 材料,峰值强度参数为 c、φ。为了简明起见,我们仅关心其应力解。

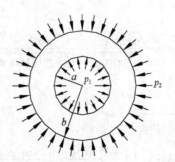

图 5.4 厚壁球壳受内外压示意图

当 p_1 和 p_2 较小时,我们有弹性解[7]:

$$\left.\begin{array}{l} \sigma_r = -\dfrac{a^3 b^3}{b^3 - a^3}\Big[p_1\Big(\dfrac{1}{r^3} - \dfrac{1}{b^3}\Big) + p_2\Big(\dfrac{1}{a^3} - \dfrac{1}{r^3}\Big) \Big], \\[4mm] \sigma_\theta = \sigma_\varphi = \dfrac{a^3 b^3}{b^3 - a^3}\Big[p_1\Big(\dfrac{1}{b^3} + \dfrac{1}{2r^3}\Big) - p_2\Big(\dfrac{1}{a^3} + \dfrac{1}{2r^3}\Big) \Big] \end{array}\right\} \tag{5.25}$$

由上式容易知道,不论 p_1 和 p_2 有多大,σ_r 总是负的,而 $\sigma_\theta = \sigma_\varphi$ 则不然。

1) 几种简单情况

首先,我们来分析三种比较特殊的情况。

(1) 内外压 p_1 和 p_2 大小相等,$p_1 = p_2 = p$。

由式(5.25)易知:$\sigma_\theta = \sigma_\varphi = \sigma_r = -p$,故无论 p 为多大,该空心球壳的应力状态总是处在静水压力轴上,永远处于弹性状态,没有塑性变形。

(2) 仅受内压 p_1 作用,$p_1 \neq 0$ 而 $p_2 = 0$。

① 弹性解

当 p_1 较小时，我们有弹性解：

$$\left.\begin{array}{l}\sigma_r=\dfrac{p_1 a^3}{b^3-a^3}\left(1-\dfrac{b^3}{r^3}\right),\\[2mm]\sigma_\theta=\sigma_\varphi=\dfrac{p_1 a^3}{b^3-a^3}\left(1+\dfrac{b^3}{2r^3}\right)\end{array}\right\} \tag{5.26}$$

从上式中可以看出：不论 p_1 多大，有 $\sigma_\theta=\sigma_\varphi>0>\sigma_r$，且有：

$$\left.\begin{array}{l}I_1=\sigma_r+\sigma_\theta+\sigma_\varphi=\dfrac{3p_1 a^3}{b^3-a^3}\\[3mm]\sqrt{J_2}=\{[(\sigma_r-\sigma_\theta)^2+(\sigma_\theta-\sigma_\varphi)^2+(\sigma_\varphi-\sigma_r)^2]/6\}^{\frac{1}{2}}=\dfrac{\sqrt{3}p_1 a^3 b^3}{2(b^3-a^3)r^3}\end{array}\right\} \tag{5.27}$$

由式(5.6)和式(5.7)易得：

$$\theta_\sigma=\pi/6 \tag{5.28}$$

将式(5.27)和式(5.28)代入式(5.12)得：

$$f(\sigma)=\dfrac{p_1 a^3}{b^3-a^3}\sin\varphi+\dfrac{\sqrt{3}p_1 a^3 b^3}{2(b^3-a^3)r^3}\left(\dfrac{\sqrt{3}}{2}-\dfrac{1}{2\sqrt{3}}\sin\varphi\right)-c\cos\varphi=0 \tag{5.29}$$

由上式可知，随着内压的增大，球壳的内壁将首先开始屈服。令 $r=a$，可以得到弹性极限载荷：

$$p_e=\dfrac{4\cos\varphi(b^3-a^3)}{(4a^3-b^3)\sin\varphi+3b^3}c \tag{5.30}$$

下面我们用不同的广义 Von Mises 条件来逼近 Mohr-Coulomb 条件。

将式(5.27)代入式(5.13)，然后令 $r=a$ 有：

$$p_e=\dfrac{k(b^3-a^3)}{\sqrt{3}b^3/2+3\alpha b^3} \tag{5.31}$$

Ⅰ. 外角圆广义 Von Mises 条件

将式(5.16)代入式(5.31)得：

$$p_e=\dfrac{4\cos\varphi(b^3-a^3)}{(4a^3-b^3)\sin\varphi+3b^3}c \tag{5.32a}$$

Ⅱ. 内角圆广义 Von Mises 条件

将式(5.15)代入式(5.31)得：

$$p_e=\dfrac{4\cos\varphi(b^3-a^3)}{(4a^3+b^3)\sin\varphi+3b^3}c \tag{5.32b}$$

Ⅲ. 等面积圆广义 Von Mises 条件

将式(5.17)代入式(5.31)得：

$$p_e=\dfrac{2\cos\varphi(b^3-a^3)}{2a^3\sin\varphi+(\sqrt{3}\cos\theta_\sigma-\sin\theta_\sigma\sin\varphi)b^3}c \tag{5.32c}$$

式中:θ_σ 由式(5.17)决定。

Ⅳ. Drucker-Prager 圆广义 Von Mises 条件

将式(5.14)代入式(5.31)得：

$$p_e = \frac{2\cos\varphi(b^3 - a^3)}{\sqrt{3 + \sin^2\varphi}\, b^3 + 2a^3\sin\varphi} c \qquad (5.32d)$$

比较式(5.30)与式(5.32)得，对于空心球壳受均匀外压的问题，选用外角圆广义 Von Mises 条件来逼近 Mohr-Coulomb 条件是最合适的。

② 理想塑性解

在式(5.29)中，令 $r=b$，可以得到 Mohr-Coulomb 条件下的弹塑性极限载荷：

$$p_e = \frac{4\cos\varphi(b^3 - a^3)}{3a^3(1 + \sin\varphi)} c \qquad (5.33)$$

而广义 Von Mises 条件下的弹塑性极限载荷：

$$p_e = \frac{k(b^3 - a^3)}{(\sqrt{3}/2 + 3\alpha)a^3} \qquad (5.34)$$

分别将各广义 Von Mises 条件下的 α 和 k 表达式(5.14)~(5.17)代入上式可得相应广义 Von Mises 条件下的弹塑性极限载荷：

外角圆广义 Von Mises 条件：

$$p_e = \frac{4\cos\varphi(b^3 - a^3)}{3a^3(1 + \sin\varphi)} c \qquad (5.35a)$$

内角圆广义 Von Mises 条件：

$$p_e = \frac{4\cos\varphi(b^3 - a^3)}{(3 + 5\sin\varphi)a^3} c \qquad (5.35b)$$

等面积圆广义 Von Mises 条件：

$$p_e = \frac{2\cos\varphi(b^3 - a^3)}{[\sqrt{3}\cos\theta_\sigma + (2 - \sin\theta_\sigma)\sin\varphi]a^3} c \qquad (5.35c)$$

Drucker-Prager 圆广义 Von Mises 条件：

$$p_e = \frac{2\cos\varphi(b^3 - a^3)}{(\sqrt{3 + \sin^2\varphi} + 2\sin\varphi)a^3} c \qquad (5.35d)$$

比较式(5.33)与式(5.35)得，对于空心球壳受均匀内压的问题，选用外角圆广义 Von Mises 条件来逼近 Mohr-Coulomb 条件是最合适的。

(3) 仅受外压 p_2 作用，$p_2 \neq 0$ 而 $p_1 = 0$。

① 弹性解

当 p_2 较小时，我们有弹性解：

$$
\left.
\begin{aligned}
\sigma_r &= -\frac{p_2 b^3}{b^3 - a^3}\left(1 - \frac{a^3}{r^3}\right), \\
\sigma_\theta = \sigma_\varphi &= -\frac{p_2 b^3}{b^3 - a^3}\left(1 + \frac{a^3}{2r^3}\right)
\end{aligned}
\right\}
\tag{5.36}
$$

由上式知:不论 p_2 多大,$0 > \sigma_r > \sigma_\theta = \sigma_\varphi$,且有:

$$
\left.
\begin{aligned}
I_1 &= \sigma_r + \sigma_\theta + \sigma_\varphi = -\frac{3p_2 b^3}{b^3 - a^3}, \\
\sqrt{J_2} &= \{[(\sigma_r - \sigma_\theta)^2 + (\sigma_\theta - \sigma_\varphi)^2 + (\sigma_\varphi - \sigma_r)^2]/6\}^{\frac{1}{2}} = \frac{\sqrt{3}\,p_2 a^3 b^3}{2(b^3 - a^3)r^3}
\end{aligned}
\right\}
\tag{5.37}
$$

由式(5.6)和式(5.7)易得:

$$
\theta_\sigma = -\pi/6
\tag{5.38}
$$

将式(5.37)和式(5.38)代入式(5.12)得:

$$
f(\sigma) = -\frac{p_2 b^3}{b^3 - a^3}\sin\varphi + \frac{\sqrt{3}\,p_2 a^3 b^3}{2(b^3 - a^3)r^3}\left(\frac{\sqrt{3}}{2} + \frac{1}{2\sqrt{3}}\sin\varphi\right) - c\cos\varphi = 0
\tag{5.39}
$$

由上式可知,随着外压的增大,球壳的内壁将首先开始屈服。然后令 $r = a$,可以得到弹性极限载荷:

$$
p_e = \frac{4\cos\varphi(b^3 - a^3)}{3(1 - \sin\varphi)b^3}c
\tag{5.40}
$$

下面我们用不同的广义 Von Mises 条件来逼近 Mohr-Coulomb 条件。

将式(5.37)代入式(5.13),然后令 $r = a$,有:

$$
p_e = \frac{k(b^3 - a^3)}{(\sqrt{3}/2 - 3\alpha)b^3}
\tag{5.41}
$$

Ⅰ. 外角圆广义 Von Mises 条件

将式(5.16)代入式(5.41)得:

$$
p_e = \frac{4\cos\varphi(b^3 - a^3)}{(3 - 5\sin\varphi)b^3}c
\tag{5.42a}
$$

Ⅱ. 内角圆广义 Von Mises 条件

将式(5.15)代入式(5.41)得:

$$
p_e = \frac{4\cos\varphi(b^3 - a^3)}{3(1 - \sin\varphi)b^3}c
\tag{5.42b}
$$

Ⅲ. 等面积圆广义 Von Mises 条件

将式(5.17)代入式(5.41)得:

$$
p_e = \frac{2\cos\varphi(b^3 - a^3)}{[\sqrt{3}\cos\theta_\sigma - (2 + \sin\theta_\sigma)\sin\varphi]b^3}c
\tag{5.42c}
$$

Ⅳ. Drucker-Prager 圆广义 Von Mises 条件

将式(5.14)代入式(5.41)得：

$$p_e = \frac{2\cos\varphi(b^3 - a^3)}{(\sqrt{3 + \sin^2\varphi} - 2\sin\varphi)b^3}c \tag{5.42d}$$

比较式(5.40)与式(5.42)得出结论：对于空心球壳受均匀外压的问题，选用内角圆广义 Von Mises 条件来逼近 Mohr-Coulomb 条件是最合适的。

② 理想塑性解

在式(5.39)中，令 $r = b$，可以得到弹塑性极限载荷：

$$p_e = \frac{4\cos\varphi(b^3 - a^3)}{(a^3 - 4b^3)\sin\varphi + 3a^3}c \tag{5.43}$$

而广义 Von Mises 条件下的弹塑性极限载荷：

$$p_e = \frac{k(b^3 - a^3)}{\sqrt{3}a^3/2 - 3ab^3} \tag{5.44}$$

分别将各广义 Von Mises 条件下的 α 和 k 表达式(5.14)~(5.17)代入上式可得相应广义 Von Mises 条件下的弹塑性极限载荷：

外角圆广义 Von Mises 条件：

$$p_e = \frac{4\cos\varphi(b^3 - a^3)}{3a^3 - (a^3 + 4b^3)\sin\varphi}c \tag{5.45a}$$

内角圆广义 Von Mises 条件：

$$p_e = \frac{4\cos\varphi(b^3 - a^3)}{(a^3 - 4b^3)\sin\varphi + 3a^3}c \tag{5.45b}$$

等面积圆广义 Von Mises 条件：

$$p_e = \frac{2\cos\varphi(b^3 - a^3)}{(\sqrt{3}\cos\theta_\sigma - \sin\theta_\sigma\sin\varphi)a^3 - 2b^3\sin\varphi}c \tag{5.45c}$$

Drucker-Prager 圆广义 Von Mises 条件：

$$p_e = \frac{2\cos\varphi(b^3 - a^3)}{\sqrt{3 + \sin^2\varphi}a^3 - 2b^3\sin\varphi}c \tag{5.45d}$$

比较式(5.43)与式(5.45)得出结论：对于空心球壳受均匀外压的问题，选用内角圆广义 Von Mises 条件来逼近 Mohr-Coulomb 条件是最合适的。

2) 同时受内压 p_1 和外压 p_2 作用

采用与上面类似的分析方法，经过简单的推导，容易得到如下的结论：

当 $p_1 > p_2$ 时，因为有 $\sigma_\theta = \sigma_\varphi > \sigma_r$，则有：$\theta_\sigma = \pi/6$，此时采用外角圆广义 Von Mises 条件来逼近 Mohr-Coulomb 条件是比较合适的；当 $p_1 < p_2$ 时，因为有 $\sigma_r > \sigma_\theta = \sigma_\varphi$，则有：$\theta_\sigma = -\pi/6$，此时采用内角圆广义 Von Mises 条件来逼近 Mohr-Coulomb 条件是比较合适的。

5.3.2　脆塑性厚壁球壳受内外压问题

从上节的研究中知,当 $p_1 < p_2$ 时,有 $0 > \sigma_r > \sigma_\theta = \sigma_\varphi$。如果我们规定应力为拉负压正,则易见该问题中有: $\sigma_1 = \sigma_2 > \sigma_3$,即第二、三主应力的均值与第一主应力比较接近。第 6 章的试验研究认为,应力的脆性跌落是有条件发生的,即围压较小,故我们认为该问题中不易发生应力的脆性跌落,不讨论该情况下的脆塑性解。

设有一受 4 MPa 均匀内压 p_1 和 0.5 MPa 均匀外压 p_2 作用的弹脆塑性的厚壁球壳,其内外半径分别为 10 cm 和 20 cm(图 5.4),不考虑体力作用。材料的相关参数如表 5.1。因为是球对称问题,切取 1/8 球壳进行计算,在相应切面上施加对称约束。计算模型和网格如图 5.5 所示,因为球对称问题的解仅仅是球半径的函数,故在径向布置相对细密的单元,单元数 9 720,节点数 11 111。

表 5.1　材料参数表

弹模	泊松比	峰值强度参数			残余强度参数		
		粘结力	摩擦角	抗拉强度	粘结力	摩擦角	抗拉强度
18.68 GPa	0.25	2.5 MPa	56.31°	1.5 MPa	0.5 MPa	50.00°	1.8 MPa

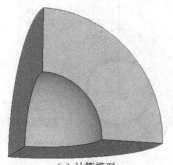
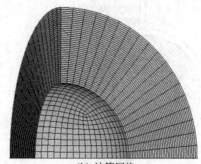

(a) 计算模型　　　　　　　　　　　(b) 计算网格

图 5.5　厚壁球壳计算模型和网格图

下面采用不同的广义 Von Mises 条件和 Mohr-Coulomb 条件进行理想塑性和弹脆塑性计算。表 5.2 和图 5.6 给出了不同屈服条件下计算所得的塑性区半径及其图示。

表 5.2　不同屈服条件下的塑性区半径

屈服条件	理想塑性(cm)		脆塑性(cm)	
	拉破区半径	剪破区半径	拉破区半径	剪破区半径
Mohr-Coulomb	11.125	11.875	11.125	12.125
外角圆	11.125	11.875	11.125	12.125

（续表 5.2）

屈服条件	理想塑性（cm）		脆塑性（cm）	
	拉破区半径	剪破区半径	拉破区半径	剪破区半径
内角圆	11.125	18.000	11.125	20.000
等面积圆	11.125	14.625	11.125	16.625
Drucker-Prager 圆	11.125	18.125	11.125	20.000

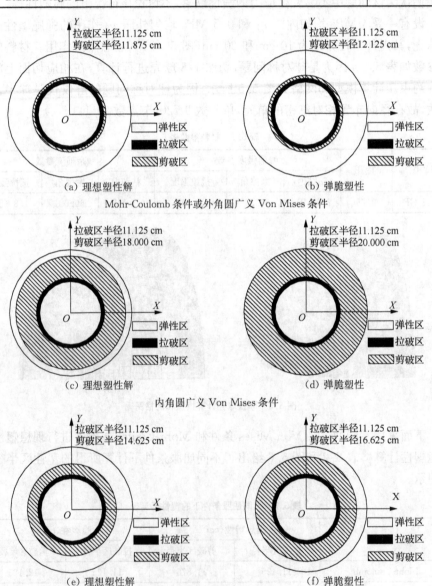

（a）理想塑性解　　　　　　　　　　（b）弹脆塑性

Mohr-Coulomb 条件或外角圆广义 Von Mises 条件

（c）理想塑性解　　　　　　　　　　（d）弹脆塑性

内角圆广义 Von Mises 条件

（e）理想塑性解　　　　　　　　　　（f）弹脆塑性

等面积圆广义 Von Mises 条件

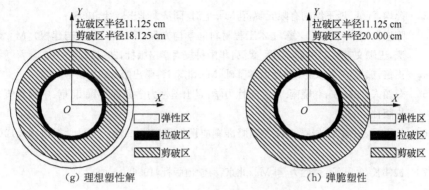

（g）理想塑性解 （h）弹脆塑性

Drucker-Prager 圆广义 Von Mises 条件

图 5.6　不同屈服条件下塑性区

　　上面的例子不难看出，采用不同的屈服条件计算所得的塑性区差别很大，其中外角圆条件最小，等面积圆稍大，然后依次为内角圆和 Drucker-Prager 圆。另外，内角圆和 Drucker-Prager 圆计算结果比较接近，我们可以从图 5.3 中找到解释，因为当 φ 角达到 56.31°时，内角圆和 Drucker-Prager 圆屈服条件已经非常接近。

　　另外，从上面的例子还可以看出，理想塑性模型计算所得的塑性区域比脆塑性模型计算所得的塑性区域要小很多。因此，对于脆塑性比较明显的材料，采用理想塑性模型计算是偏于危险的。

5.4　本章小结

　　通过上面的理论分析和算例我们不妨作如下推断：采用不同的广义 Von Mises 条件来逼近 Mohr-Coulomb 条件时，应该根据具体的问题选择相应的广义 Von Mises 条件。对于一个具体的地下工程岩土问题，所构筑的地下结构都是在一定的外压（如地应力）和一定的内压（如支护力）共同作用下的。在三维情形下，采用 Drucker-Prager 条件似乎偏于保守，真正的逼近 Mohr-Coulomb 条件应该介于内角圆和外角圆之间。内角圆偏于保守而外角圆偏于危险，所以等面积圆是相对合适的折中选择。

参 考 文 献

[1]　邓楚键,何国杰,郑颖人. 基于 M-C 准则的 D-P 系列准则在岩土工程中的应用研究[J]. 岩土工程学报,2006,28(6):735-739.

［2］　孙均,汪炳.地下结构有限元解析［M］.上海:同济大学出版社,1998.

［3］　陈惠发,A F.萨里普,著.土木工程材料的本构方程(第一卷:弹性与建模)［M］.余天庆,王勋文,译.刘再华,校译.武汉:华中科技大学出版社,2001:370-380.

［4］　王仁,熊祝华,黄文彬.塑性力学基础［M］.北京:科学出版社,1982.

［5］　郑颖人,沈珠江,龚晓南.广义塑性力学:岩土塑性力学原理［M］.北京:中国建筑工业出版社,2002.

［6］　徐干成,郑颖人.岩石工程中屈服准则应用的研究［J］.岩土工程学报,1990,12(2):93-99.

［7］　钱伟长,叶开沅.弹性力学［M］.北京:科学出版社,1956.

6 无界单元法

6.1 概述

在大量的岩土工程有限元分析中,经常遇到计算区域为无限介质或半无限介质问题,其真实的边界条件是无穷远处位移为零。例如,矿山巷道、采场、水电站地下硐室群等均属于这类问题。而有限元方法处理这类问题时只能截取有限的区域,并对边界附加近似的边界条件(力或边界约束)。譬如,在对水电站地下硐室群的围岩进行计算分析时,通常截取从河谷到山脊的足够大的区域,近似地利用河谷和山脊处的对称性而在相应的边界施加法向约束,这必然使计算结果引入一定的误差和所谓的"边界效应"。事实上,对于同一个有限元网格、相同的材料和荷载条件,仅仅因为边界约束条件的不同,其计算结果就可能有较大差别。故在对地下空间结构围岩进行稳定性分析时,边界条件的确定是一个很值得推敲的问题。另外,研究范围的选择也是一个相当重要的问题,一般认为区域选得越大,计算结果越接近实际;但选择的计算区域越大,所划分的结点和单元数也就越多,这样必然会大大增加计算成本。

在有限元分析中引入无界元方法,往往只要截取很小的计算范围就能得到满足计算精度要求和符合无穷远处位移为零的边界条件的结果,为准确模拟无限域或半无限域的问题提供了简单而有效的计算手段。有限元与无限元的耦合系统能将有限元的离散范围缩小到工程中感兴趣的最小范围,能有效地降低计算耗费而又满足工程精度要求,在工程计算中有显著的经济效益。

无界元是把解析法和数值方法有机结合起来的一种半解析、半数值单元,属于半解析元范畴。其具体做法是在位移模式中引入适当的解析函数,以代替或部分代替无限方向上的离散与插值,从而减少了单元数,达到了简化的目的。无界元在形式上是一个放射形的长条,一端与有限元相接,另一端趋于无限远[1]。从某种意义上讲,无界元是一种特殊的有限单元,其计算原理与有限元有许多相似之处。根据其实现无限域积分的方法的不同,无界元可以划分为两类,即映射无界元和衰减无界元(又称为乘子型无界元)。本书在系统而全面地总结无界单元方法的基础上,给出了无界单元方法在地应力场分析中的应用。

6.2　衰减无界元

6.2.1　衰减无界元的基本原理

衰减无界元主要是通过拉格朗日插值函数与衰减函数的乘积来构造形函数，基本思想是适当选择单元形函数，使某维局部坐标趋近于 1 时，整体坐标趋向无穷大，从而使实际计算范围伸向无限远；同时，合理地选择位移衰减函数，使无限远处位移趋近于零，从而实现无限远处位移为零的边界条件[2]。

1）衰减无界元的坐标映射原理

无界元的基本概念最先是由 Ungless 于 1973 年提出来的，他把位移场表示为一个插值函数与解析衰减函数的乘积，使其位移在近域与有限元吻合，而在无限远处为零[3]。这就是最原始的衰减无界元概念模型，但他没有引入坐标映射技术。

1980 年 Bettess 等人在无限元中引入坐标映射的概念，并指出无限元与有限元的坐标映射函数可以相同[4]，例如，在 ζ 方向（n 个节点），若用拉格朗日插值多项式，则有：

$$N_i = \prod_{\substack{j=1 \\ j \neq i}}^{n-1} \left(\frac{\zeta_i - \zeta}{\zeta_j - \zeta_i} \right) \tag{6.1}$$

而无限元与有限元位移形函数的差别，仅在于无限元中引入了一个衰减函数 $f(\zeta)$ 以表征远处场变量的特性，即

$$M_i = f(\zeta) N_i(\zeta) \tag{6.2}$$

式中：N_i 为对应有限元的形函数。

Beer 和 Meek 于 1981 年在上述无限元概念的基础上提出了一种类似的但有所改进的无限元，该模型对上述无限元模型进行了两点修正[5]：

（1）坐标映射方面，采用了局部坐标 ζ 在无限延伸方向，取 $\zeta = +1$ 来映射无限远点，而在有限方向 η 采用 Serendipity 函数 $N_i^0(\eta)$，即

$$N_i = N_i^0(\eta)(\zeta_0 + 1 + \zeta_i) \tag{6.3}$$

式中：

$$\zeta_0 = \begin{cases} 2(\zeta_i + 1/2)\zeta & \zeta \leqslant 0 \\ 2(\zeta_i + 1/2)\zeta/(1 - \zeta) & \zeta > 0 \end{cases} \tag{6.4}$$

故对应于某维映射方向，易知：

当 $\zeta \leqslant 0$ 时：

$$N_i = N_i^0(\eta)(2\zeta\zeta_i + \zeta + 1 + \zeta_i)$$

$$
=\begin{cases} N_i^0(\eta)(2\zeta(-1)+\zeta+1+(-1))=-N_i^0(\eta)\zeta & \zeta_i=-1 \\ N_i^0(\eta)(2\zeta\times0+\zeta+1+0)=N_i^0(\eta)(1+\zeta) & \zeta_i=0 \end{cases} \quad (6.5a)
$$

当 $\zeta>0$ 时：

$$
N_i=N_i^0(\eta)\left(\frac{2\zeta\zeta_i+\zeta}{1-\zeta}+1+\zeta_i\right)
$$

$$
=\begin{cases} N_i^0(\eta)\left(\frac{2\zeta(-1)+\zeta}{1-\zeta}+1+(-1)\right)=-N_i^0(\eta)\dfrac{\zeta}{1-\zeta} & \zeta_i=-1 \\ N_i^0(\eta)\left(\frac{2\zeta\times0+\zeta}{1-\zeta}+1+0\right)=N_i^0(\eta)\left(1+\dfrac{\zeta}{1-\zeta}\right) & \zeta_i=0 \end{cases} \quad (6.5b)
$$

（2）位移函数方面，在有限方向采用 Serendipity 插值，而在无限远 i 方向假定位移场从无限边界处开始衰减，即

$$
U_i=M_jU_{ij} \quad (6.6)
$$

式中：U_i 是 i 方向任意点的位移值；U_{ij} 是节点位移值（$j=1,2,\cdots,n$）；n 是单元在有限边界上的节点数；M_j 是插值函数，且有：

$$
M_j=M_j^0f(r_j/r) \quad (6.7)
$$

式中：M_j^0 是有限边界上的 Serendipity 形函数；r_j 为衰减中心至第 j 节点的距离；r 为衰减中心至计算点的距离。为得到无限远处位移为零的边界条件，衰减函数必须满足 $r\to\infty$ 时，$f(r_j/r)\to0$。

2）衰减无界元的坐标变换与位移函数

衰减无界元的坐标变换为：

$$
x=\sum_{i=1}^n N_ix_i, \quad y=\sum_{i=1}^n N_iy_i, \quad z=\sum_{i=1}^n N_iz_i \quad (6.8)
$$

式中：N_i 为坐标映射函数。

衰减无界元的位移变换式采用下列形式的位移函数实现：

$$
u=\sum_{i=1}^n M_iu_i; \quad v=\sum_{i=1}^n M_iv_i; \quad w=\sum_{i=1}^n M_iw_i \quad (6.9)
$$

式中：$M_i=M_i^0f_i(r)$ 为位移函数。M_i^0 现在多取为 $\zeta\leqslant0$ 时的形函数 N_i，即按式（6.5）中的上式取用。$f_i(r)$ 为衰减函数，应该满足下列条件：

$$
\lim_{r\to\infty}f_i(r)=0 \quad (6.10)
$$

衰减函数的选择视问题的性质而定，选择应当能正确反映无限远处的边界条件以及位移场的变化规律。对于岩土工程问题，常采用如下的简单形式：

$$
f_i(r)=(r_i/r)^\alpha \quad \text{或} \quad f_i(r)=\exp(1-r/r_i) \quad (6.11)
$$

式中：指数 $\alpha\geqslant1$，通常取为 1 或者 2；r 为任意一点到所选择的衰减中心的距离，可称为衰减半径（衰减中心应该取在计算区域的几何中心附近）；r_i 为节点 i 的衰减

半径,若取总体坐标原点作为衰减中心,则:

$$r = \sqrt{x^2 + y^2 + z^2} = \sqrt{\left(\sum_{i=1}^{n} N_i x_i\right)^2 + \left(\sum_{i=1}^{n} N_i y_i\right)^2 + \left(\sum_{i=1}^{n} N_i z_i\right)^2} \quad (6.12)$$

$$r_i = \sqrt{x_i^2 + y_i^2 + z_i^2} \quad (6.13)$$

3) 衰减无界元的应变矩阵

衰减无界元的应变、应力和单元刚度的计算公式与有限元的对应公式类似,只是无限元的坐标映射函数 N_i 不同于位移插值函数 M_i,因此,无限元的应变矩阵计算式与有限元的不同。无限元的应变矩阵为:

$$\boldsymbol{B} = \begin{bmatrix} B_1 & B_2 & \cdots & \cdots & B_n \end{bmatrix} \quad (6.14)$$

式中:

$$[\boldsymbol{B}_i] = \begin{bmatrix} \dfrac{\partial M_i}{\partial x} & 0 & 0 & \dfrac{\partial M_i}{\partial y} & 0 & \dfrac{\partial M_i}{\partial z} \\ 0 & \dfrac{\partial M_i}{\partial y} & 0 & \dfrac{\partial M_i}{\partial x} & \dfrac{\partial M_i}{\partial z} & 0 \\ 0 & 0 & \dfrac{\partial M_i}{\partial z} & 0 & \dfrac{\partial M_i}{\partial y} & \dfrac{\partial M_i}{\partial x} \end{bmatrix}^{\mathrm{T}} \quad (6.15)$$

且有:

$$\begin{Bmatrix} \dfrac{\partial M_i}{\partial x} \\ \dfrac{\partial M_i}{\partial y} \\ \dfrac{\partial M_i}{\partial z} \end{Bmatrix} = \begin{bmatrix} \dfrac{\partial x}{\partial \xi} & \dfrac{\partial y}{\partial \xi} & \dfrac{\partial z}{\partial \xi} \\ \dfrac{\partial x}{\partial \eta} & \dfrac{\partial y}{\partial \eta} & \dfrac{\partial z}{\partial \eta} \\ \dfrac{\partial x}{\partial \zeta} & \dfrac{\partial y}{\partial \zeta} & \dfrac{\partial z}{\partial \zeta} \end{bmatrix}^{-1} \begin{Bmatrix} \dfrac{\partial M_i}{\partial \xi} \\ \dfrac{\partial M_i}{\partial \eta} \\ \dfrac{\partial M_i}{\partial \zeta} \end{Bmatrix} = [\boldsymbol{J}]^{-1} \begin{Bmatrix} \dfrac{\partial M_i}{\partial \xi} \\ \dfrac{\partial M_i}{\partial \eta} \\ \dfrac{\partial M_i}{\partial \zeta} \end{Bmatrix} \quad (6.16)$$

而 Jacobi 矩阵的计算公式与有限元相似,为:

$$[\boldsymbol{J}] = \begin{bmatrix} \dfrac{\partial x}{\partial \xi} & \dfrac{\partial y}{\partial \xi} & \dfrac{\partial z}{\partial \xi} \\ \dfrac{\partial x}{\partial \eta} & \dfrac{\partial y}{\partial \eta} & \dfrac{\partial z}{\partial \eta} \\ \dfrac{\partial x}{\partial \zeta} & \dfrac{\partial y}{\partial \zeta} & \dfrac{\partial z}{\partial \zeta} \end{bmatrix} = \begin{bmatrix} \sum_{i=1}^{n} \dfrac{\partial N_i}{\partial \xi} x_i & \sum_{i=1}^{n} \dfrac{\partial N_i}{\partial \xi} y_i & \sum_{i=1}^{n} \dfrac{\partial N_i}{\partial \xi} z_i \\ \sum_{i=1}^{n} \dfrac{\partial N_i}{\partial \eta} x_i & \sum_{i=1}^{n} \dfrac{\partial N_i}{\partial \eta} y_i & \sum_{i=1}^{n} \dfrac{\partial N_i}{\partial \eta} z_i \\ \sum_{i=1}^{n} \dfrac{\partial N_i}{\partial \zeta} x_i & \sum_{i=1}^{n} \dfrac{\partial N_i}{\partial \zeta} y_i & \sum_{i=1}^{n} \dfrac{\partial N_i}{\partial \zeta} z_i \end{bmatrix}$$

$$= \begin{bmatrix} \dfrac{\partial N_1}{\partial \xi} & \dfrac{\partial N_2}{\partial \xi} & \cdots & \dfrac{\partial N_n}{\partial \xi} \\ \dfrac{\partial N_1}{\partial \eta} & \dfrac{\partial N_2}{\partial \eta} & \cdots & \dfrac{\partial N_n}{\partial \eta} \\ \dfrac{\partial N_1}{\partial \zeta} & \dfrac{\partial N_2}{\partial \zeta} & \cdots & \dfrac{\partial N_n}{\partial \zeta} \end{bmatrix} \begin{bmatrix} x_1 & y_1 & z_1 \\ x_2 & y_2 & z_2 \\ \vdots & \vdots & \vdots \\ x_n & y_n & z_n \end{bmatrix} = [\boldsymbol{j}][\boldsymbol{X}] \quad (6.17)$$

$$[j] = \begin{bmatrix} \dfrac{\partial N_1}{\partial \xi} & \dfrac{\partial N_2}{\partial \xi} & \cdots & \dfrac{\partial N_n}{\partial \xi} \\[2mm] \dfrac{\partial N_1}{\partial \eta} & \dfrac{\partial N_2}{\partial \eta} & \cdots & \dfrac{\partial N_n}{\partial \eta} \\[2mm] \dfrac{\partial N_1}{\partial \zeta} & \dfrac{\partial N_2}{\partial \zeta} & \cdots & \dfrac{\partial N_n}{\partial \zeta} \end{bmatrix}, \quad [X] = \begin{bmatrix} x_1 & y_1 & z_1 \\ x_2 & y_2 & z_2 \\ \vdots & \vdots & \vdots \\ x_n & y_n & z_n \end{bmatrix} \quad (6.18)$$

插值函数 M_i 对局部坐标 ξ_j 的偏导数为：

$$\frac{\partial M_i}{\partial \xi_j} = \frac{\partial M_i^0}{\partial \xi_j} f + \frac{\partial f}{\partial \xi_j} M_i^0 \quad (6.19)$$

式中：M_i^0 取 $\xi \leqslant 0$ 时的形函数 N_i，即按式（6.5a）取用，而 $\dfrac{\partial M_i^0}{\partial \xi_j}$ 按（6.18）式计算，而 $\dfrac{\partial f}{\partial \xi_j}$ 为：

$$\frac{\partial f}{\partial \xi_j} = \frac{\partial f}{\partial r} \frac{\partial r}{\partial \xi_j} \quad (6.20)$$

4）衰减无界元的刚度矩阵

衰减无界元的单元刚度分析也可以按等参元的步骤进行。

$$[k]_e = \iiint [B]^{\mathrm{T}} [D] [B] \det J \mathrm{d}\xi \mathrm{d}\eta \mathrm{d}\zeta \quad (6.21)$$

单元刚度矩阵中的 $[B]$ 表达式同式（6.14），相应项按式（6.15）取值。Jacobi 矩阵表达式同式（6.17），只是注意必须按照式（6.5）中的相应项进行计算。

6.2.2　几种常用的衰减无界元模型

由上述衰减无界元的基本原理可知，衰减无界元的关键在于构造合适的形函数和选择适当的位移衰减函数。衰减函数的选择视问题的性质而定，所选函数必须能正确反映无限远处的边界条件以及位移场的变化规律。而形函数的构造必须满足下列条件：

（1）在单元内任一点，$\sum N_i = 1$；

（2）在节点 i 上，$N_i = 1$，在其他节点上 $N_i = 0$；

（3）当 $\zeta = 1$ 时，x、y 均趋近于无限远。

鉴于此，下面简单列表介绍几种岩土工程中常用的衰减无界单元的形函数（见表 6.1）。

表 6.1　各种常用衰减无界单元的形函数

单元名称	单元(母单元)形态	自由度	形函数
4 节点平面无界元		u,v	当 $\zeta\leqslant0$ 时， $N_i=-(1+\eta\eta_i)\zeta/2$　$(i=1,2)$ $N_i=(1+\eta\eta_i)(1+\zeta)/2$　$(i=3,4)$ 当 $\zeta>0$ 时， $N_i=-\dfrac{1}{2}(1+\eta\eta_i)\zeta/(1-\zeta)$　$(i=1,2)$ $N_i=\dfrac{1}{2}(1+\eta\eta_i)/(1-\zeta)$　$(i=3,4)$
5 节点平面无界元		u,v	当 $\zeta\leqslant0$ 时， $N_1=(1-\eta)\eta\zeta/2$ $N_2=-(1+\eta)\eta\zeta/2$ $N_3=(1-\eta)(1+\zeta)/2$ $N_4=(1+\eta)(1+\zeta)/2$ $N_5=-(1-\eta^2)\zeta$ 当 $\zeta>0$ 时， $N_1=-\dfrac{1}{2}(1-\eta)\zeta/(1-\zeta)$ $N_2=-\dfrac{1}{2}(1+\eta)\zeta/(1-\zeta)$ $N_3=\dfrac{1}{2}(1-\eta)/(1-\zeta)$ $N_4=\dfrac{1}{2}(1+\eta)/(1-\zeta)$　$N_5=0$
6 节点空间无界元[6]		u,v,w	当 $\zeta\leqslant0$ 时， $\begin{cases}N_i=-L_i\zeta & (i=1\sim3)\\ N_i=L_{i-3}(1+\zeta) & (i=4\sim6)\end{cases}$ 当 $\zeta>0$ 时， $\begin{cases}N_i=-L_i\zeta/(1-\zeta) & (i=1\sim3)\\ N_i=L_{i-3}/(1-\zeta) & (i=4\sim6)\end{cases}$
8 节点空间无界元		u,v,w	当 $\zeta\leqslant0$ 时， $N_i=-(1+\xi\xi_i)(1+\eta\eta_i)\zeta/4$ $(i=1,2,3,4)$ $N_i=(1+\xi\xi_i)(1+\eta\eta_i)(1+\zeta)/4$ $(i=5,6,7,8)$ 当 $\zeta>0$ 时， $N_i=-\dfrac{1}{4}(1+\xi\xi_i)(1+\eta\eta_i)\zeta/(1-\zeta)$ $(i=1,2,3,4)$ $N_i=\dfrac{1}{4}(1+\xi\xi_i)(1+\eta\eta_i)/(1-\zeta)$ $(i=5,6,7,8)$

(续表 6.1)

单元名称	单元(母单元)形态	自由度	形函数
12 节点 空间无 界元		u,v,w	当 $\zeta \leqslant 0$ 时[7]， $N_i = -(1+\xi\xi_i)(1+\eta\eta_i)\zeta \cdot$ $\qquad (\xi\xi_i+\eta\eta_i-\zeta-2)/4$ $(i=1,3,5,7)$ $N_i=(1+\xi\xi_i)(1+\eta\eta_i)(1-\zeta^2)/4$ $(i=9,10,11,12)$ $N_i=-(1-\xi^2)(1+\eta\eta_i)\zeta/2 \quad (i=2,6)$ $N_i=-(1+\xi\xi_i)(1-\eta^2)\zeta/2 \quad (i=4,8)$ 当 $\zeta > 0$ 时， $N_i=-\dfrac{1}{4}(1+\xi\xi_i)(1+\eta\eta_i)\zeta/(1-\zeta)$ $(i=1,3,5,7)$ $N_i=\dfrac{1}{4}(1+\xi\xi_i)(1+\eta\eta_i)/(1-\zeta)$ $(i=9,10,11,12)$ $N_i=0 \quad (i=2,4,6,8)$ 当 $\zeta \leqslant 0$ 时[8,9]， $N_i=\dfrac{1}{4}(1+\xi\xi_i)(1+\eta\eta_i) \cdot$ $\qquad (\xi\xi_i+\eta\eta_i-\zeta-2)$ $(i=1,3,5,7)$ $N_i=\dfrac{1}{4}(1+\xi\xi_i)(1+\eta\eta_i)(1+\zeta)$ $(i=9,10,11,12)$ $N_i=(1-\xi^2)(1+\eta\eta_i)/2 \quad (i=2,6)$ $N_i=(1+\xi\xi_i)(1-\eta^2)/2 \quad (i=4,8)$ 当 $\zeta > 0$ 时， $N_i=-(1+\xi\xi_i)(1+\eta\eta_i)\dfrac{\zeta}{2(1-\zeta)}$ $(i=1,3,5,7)$ $N_i=(1+\xi\xi_i)(1+\eta\eta_i)\dfrac{1+\zeta}{4(1-\zeta)}$ $(i=9,10,11,12)$ $N_i=0 \quad (i=2,4,6,8)$

6.3　映射无界元

6.3.1　映射无界元的基本原理

映射无界元是 Zienkiewicz 提出的坐标变换和位移采用不同的插值函数的一种计算方法，通过映射坐标实现无限域的积分，直接在映射坐标中建立位移函数而满足无限远处位移为零的边界条件。其映射方法是将整体坐标中的无界元映射成局部坐标系中的有限元，可以使用常规的 Gauss-Legendre 数值积分方法进行。映射无界元只适用于静力问题分析。

1) 映射无界元的坐标映射原理

1983 年，Zienkiewicz 等人提出一种新形式的坐标映射函数，在一维无限元的情况下，采用局部坐标 ζ 在无限延伸的方向，令 $\zeta=+1$ 来映射无限远点 $x_3=\infty$，如图 6.1 所示。

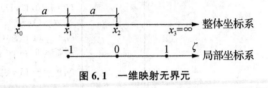

图 6.1　一维映射无界元

在局部坐标系下，$-1 \leqslant \zeta \leqslant 1$。取 x_0 为映射极点（$x_0 < x_1$），且第二节点的位置由下式确定：

$$x_2 = 2x_1 - x_0 \tag{6.22}$$

则局部坐标系到总体坐标系的映射关系为：

$$x = \sum_{i=1}^{2} N_i^1(\zeta) x_i \tag{6.23a}$$

式中：N_i^1 为如下的映射函数：

$$\begin{cases} N_1^1 = -2\zeta/(1-\zeta) \\ N_2^1 = (1+\zeta)/(1-\zeta) \end{cases} \tag{6.23b}$$

其中 ζ 定义为：

$$\zeta = 1 - \frac{2(x_1 - x_0)}{x - x_0} = 1 - \frac{2a}{r} \tag{6.24}$$

r 表示由极点到单元内某计算点的距离，$a = x_2 - x_1$。容易验证，$\zeta = -1, 0, 1$ 分别对应于整体坐标下的 x_1, x_2 和 x_3 点。

对于位移形函数，直接采用对应有限元的形函数，故位移函数插值可用下式：

$$U = \sum_{i=1}^{3} N_i(\zeta) U_i = 0.5\zeta(\zeta-1) U_1 + (1-\zeta^2) U_2 + 0.5\zeta(\zeta+1) U_3 \tag{6.25}$$

将式（6.24）代入式（6.25）则得：

$$U = U_3 + (-U_1 + 4U_2 - 3U_3)a/r + (2U_1 - 4U_2 + 2U_3)a^2/r^2 \tag{6.26}$$

上式表明，当 r 趋近于无穷大时，U 趋近于 U_3。若在无穷远处 U 值为零，则式（6.25）中仅对"有限节点"1 和 2 进行总和，就可自动满足边界条件。

2) 映射无界元的坐标变换与位移函数

映射无界元与衰减无界元的坐标变换方式相同，为：

$$x = \sum_{i=1}^{n} N_i x_i, \quad y = \sum_{i=1}^{n} N_i y_i, \quad z = \sum_{i=1}^{n} N_i z_i$$

在二维和三维情况下,坐标映射函数为有限方向的拉格朗日形函数与式(6.23b)中相应函数的乘积。

映射无界元与衰减无界元的位移变换式方式相同,即:

$$u = \sum_{i=1}^{n} M_i u_i; \quad v = \sum_{i=1}^{n} M_i v_i; \quad w = \sum_{i=1}^{n} M_i w_i$$

在二维和三维情况下,位移函数直接采用对应有限元的形函数,但是去掉与无限远点对应的形函数,以考虑无限远处位移为零的边界条件。

3) 映射无界元的应变矩阵

映射无界元的应变、应力和单元刚度的计算公式与衰减无界元的对应公式相同,为式(6.14)~式(6.18)。

4) 映射无界元的刚度矩阵

映射无界元的单元刚度分析也可以按等参元的步骤进行:

$$[k]_e = \iiint [B]^{\mathrm{T}} [D] [B] \det J \mathrm{d}\xi \mathrm{d}\eta \mathrm{d}\zeta$$

单元刚度矩阵中的[B]表达式同式(6.14),相应项按式(6.15)取值。Jacobi 矩阵表达式同式(6.17)。

6.3.2　几种常用的映射无界元模型

传统的映射无界元都是单向的,即只有一个方向向无限远处映射。近年来,为了解决二维和三维情况下棱边或者棱角等特殊部位的无限域映射问题,出现了平面双向、三维双向和三维三向映射等无界元模型。下面简单列表介绍几种岩土工程中常用的映射无界单元的坐标映射函数和位移函数(见表6.2)。

表 6.2　各种常用映射无界单元的形函数和位移函数

单元名称	单元(母单元)形态	自由度	映射函数和位移函数
4 节点平面无界元		u, v	映射函数 $N_i = -(1 + \eta \eta_i)\dfrac{\zeta}{1-\zeta} \quad (i=1,2)$ $N_i = \dfrac{1}{2}(1 + \eta \eta_i)\dfrac{1+\zeta}{1-\zeta} \quad (i=3,4)$ 位移函数 $M_i = (1 + \eta \eta_i)(\zeta - 1)\zeta/4 \quad (i=1,2)$ $M_i = (1 + \eta \eta_i)(1 - \zeta^2)/2 \quad (i=3,4)$

单元名称	单元(母单元)形态	自由度	映射函数和位移函数
5 节点 平面无 界元		u,v	映射函数 $N_1=(1-\eta)\eta\zeta/(1-\zeta)$ $N_2=-(1+\eta)\eta\zeta/(1-\zeta)$ $N_3=\dfrac{1}{2}(1-\eta)(1+\zeta)/(1-\zeta)$ $N_4=\dfrac{1}{2}(1+\eta)(1+\zeta)/(1-\zeta)$ $N_5=-2(1-\eta^2)\zeta/(1-\zeta)$ 位移函数 $M_1=(\eta-1)\eta\zeta(1-\zeta)/4$ $M_2=(1+\eta)\eta\zeta(1-\zeta)/4$ $M_3=(1-\eta)(1-\zeta^2)/2$ $M_4=(1+\eta)(1-\zeta^2)/2$ $M_5=(1-\eta^2)\zeta(1-\zeta)/2$
3 节点 平面 双向无 界元[10]		u,v	映射函数 $N_1=\dfrac{\eta\zeta+3(-1-\eta-\zeta)}{(1-\eta)(1-\zeta)}$ $N_2=\dfrac{2(1+\eta)}{(1-\eta)(1-\zeta)}$ $N_3=\dfrac{2(1+\zeta)}{(1-\eta)(1-\zeta)}$ 位移函数 $M_1=(1-\eta)(1-\zeta)(-1-\eta-\zeta)/4$ $M_2=(1-\eta^2)(1-\zeta)/2$ $M_3=(1-\eta)(1-\zeta^2)/2$
6 节点 空间无 界元		u,v,w	映射函数 $\begin{cases}N_i=-2L_i\zeta/(1-\zeta) & (i=1\sim3)\\ N_i=L_{i-3}(1+\zeta)/(1-\zeta) & (i=4\sim6)\end{cases}$ 位移函数 $\begin{cases}M_i=\dfrac{1}{2}L_i\zeta(\zeta-1) & (i=1\sim3)\\ M_i=L_{i-3}(1-\zeta^2) & (i=4\sim6)\end{cases}$
8 节点 空间无 界元[11]		u,v,w	映射函数 $N_i=-\dfrac{1}{2}(1+\xi\xi_i)(1+\eta\eta_i)\dfrac{\zeta}{1-\zeta}$ $(i=1,2,3,4)$ $N_i=\dfrac{1}{4}(1+\xi\xi_i)(1+\eta\eta_i)\dfrac{1+\zeta}{1-\zeta}$ $(i=5,6,7,8)$ 位移函数 $M_i=(1+\xi\xi_i)(1+\eta\eta_i)(\zeta-1)\zeta/8$ $(i=1,2,3,4)$ $M_i=(1+\xi\xi_i)(1+\eta\eta_i)(1-\zeta^2)/4$ $(i=5,6,7,8)$

（续表 6.2）

单元名称	单元(母单元)形态	自由度	映射函数和位移函数
12节点 空间无 界元		u,v,w	**映射函数** $N_i=-\dfrac{1}{2}(1+\xi\xi_i)(1+\eta\eta_i)\times$ $\quad(\xi\xi_i+\eta\eta_i-\zeta-2)\zeta/(1-\zeta)$ $(i=1,3,5,7)$ $N_i=\dfrac{1}{4}(1+\xi\xi_i)(1+\eta\eta_i)\dfrac{1+\zeta}{1-\zeta}$ $(i=9,10,11,12)$ $N_i=(1-\xi^2)(1+\eta\eta_i)\zeta/(1-\zeta)$ $(i=2,6)$ $N_i=(1+\xi\xi_i)(1-\eta^2)\zeta/(1-\zeta)$ $(i=4,8)$ **位移函数** $M_i=(1+\xi\xi_i)(1+\eta\eta_i)\times$ $\quad(\xi\xi_i+\eta\eta_i-\zeta-2)(\zeta-1)\zeta/8$ $(i=1,3,5,7)$ $M_i=(1+\xi\xi_i)(1+\eta\eta_i)(1-\zeta^2)/4$ $(i=9,10,11,12)$ $M_i=(1-\xi^2)(1+\eta\eta_i)(\zeta-1)\zeta/4$ $(i=2,6)$ $M_i=(1+\xi\xi_i)(1-\eta^2)(\zeta-1)\zeta/4$ $(i=4,8)$
7节点 空间双向 无界元[12]		u,v,w	**映射函数** $N_i=(1+\zeta\zeta_i)(2L_3+\zeta\zeta_i-2)/2L_3$ $(i=1,2)$ $N_3=(1-\zeta^2)/L_3$ $N_i=L_2(1+\zeta\zeta_i)/2L_3\quad(i=4,6)$ $N_i=L_1(1+\zeta\zeta_i)/2L_3\quad(i=5,7)$ **位移函数** $M_i=L_3(1+\zeta\zeta_i)(2L_3+\zeta\zeta_i-2)/2$ $(i=1,2)$ $M_3=(1-\zeta^2)L_3$ $M_i=2L_2(1+\zeta\zeta_i)L_3\quad(i=4,6)$ $M_i=2L_1(1+\zeta\zeta_i)L_3\quad(i=5,7)$
4节点 空间三向 无界元		u,v,w	**映射函数** $N_1=(2L_1-1)/L_1$ $N_2=L_2/L_1$ $N_3=L_3/L_1$ $N_4=L_4/L_1$ **位移函数** $M_1=(2L_1-1)L_1$ $M_2=4L_2L_1$ $M_3=4L_3L_1$ $M_4=4L_4L_1$

6.4　6节点三维无界单元

由于无界元在无限域和半无限域力学分析中的突出优点,不少研究者都各自采用和推荐了自己的形函数和位移函数。但是几乎所有的三维公式推导和算例都集中在8节点或者12节点的无界元形式,以便与8节点和20节点等参有限元配合使用。然而,对于一个现实的三维岩土工程问题,由于节理和断层等结构面的切割,很难保证在有限元边界面的单元节点数全部是规则的4节点以上单元,更多的时候为四面体单元或者三棱柱单元所包含的三个节点。为了解决这种类型的问题,本文推导了简单实用的6节点无界单元的形函数和位移插值函数以及相关计算公式。

6.4.1　6节点映射无界元

图6.2为6节点无界单元的示意图,图(a)、图(b)分别对应于整体坐标系和映射坐标系。

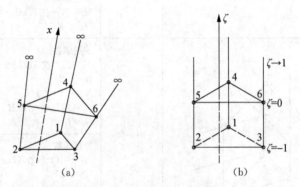

图6.2　6节点三维无界元示意图

1) 6节点映射无界元的坐标映射函数

为了实现无限域公式推导及无限域积分,我们可以把整体坐标系中的(a)映射到局部坐标系(b)的 ζ 中,使得 $\zeta \to 1$ 时 $x \to \infty$,以满足无限域的几何特性。

6节点映射无界元的坐标变换式为:

$$x = \sum_{i=1}^{6} N_i x_i; \quad y = \sum_{i=1}^{6} N_i y_i; \quad z = \sum_{i=1}^{6} N_i z_i \tag{6.27}$$

式中:N_i 为坐标映射函数,其构造方式为:有限方向的拉格朗日形函数与式(6.23)中相应函数的乘积,具体表达式如下:

$$\begin{cases} N_i = -2L_i\zeta/(1-\zeta) & (i=1\sim3) \\ N_i = L_{i-3}(1+\zeta)/(1-\zeta) & (i=4\sim6) \end{cases} \tag{6.28}$$

式中：L_i 为面积坐标，三个变量实际只有两个独立，可令 $\xi = L_1$ 和 $\eta = L_2$，则有 $L_3 = 1 - L_1 - L_2$。

2）6 节点映射无界元的位移函数

6 节点映射无界元的位移变换式为：

$$u = \sum_{i=1}^{6} M_i u_i; \quad v = \sum_{i=1}^{6} M_i v_i; \quad w = \sum_{i=1}^{6} M_i w_i \tag{6.29}$$

式中：M_i 为位移插值函数。映射无界元只适用于静力问题分析，其边界条件一般均为无穷远处位移为零，故位移函数可以直接采用在映射坐标中对应有限元的形函数，但是去掉与无限远点对应的形函数，以考虑无限远处位移为零的边界条件。对于 6 节点无界单元有：

$$\begin{cases} M_i = \dfrac{1}{2} L_i \zeta(\zeta-1) & (i=1\sim3) \\ M_i = L_{i-3}(1-\zeta^2) & (i=4\sim6) \end{cases} \tag{6.30}$$

上述位移函数均满足在无限远处位移为零的要求。

3）6 节点映射无界元的单元刚度

映射无界元的单元刚度分析按等参元的步骤进行：

$$[k]_e = \iiint [B]^{\mathrm{T}}[D][B] \det J \, \mathrm{d}\xi \mathrm{d}\eta \mathrm{d}\zeta$$

$$B = [B_1 \quad B_2 \quad \cdots \quad \cdots \quad B_6] \tag{6.31}$$

单元刚度矩阵中的 $[B_i]$ 应该按相应的位移函数求导得到，即有：

$$[B_i] = \begin{bmatrix} \dfrac{\partial M_i}{\partial x} & 0 & 0 & \dfrac{\partial M_i}{\partial y} & 0 & \dfrac{\partial M_i}{\partial z} \\ 0 & \dfrac{\partial M_i}{\partial y} & 0 & \dfrac{\partial M_i}{\partial x} & \dfrac{\partial M_i}{\partial z} & 0 \\ 0 & 0 & \dfrac{\partial M_i}{\partial z} & 0 & \dfrac{\partial M_i}{\partial y} & \dfrac{\partial M_i}{\partial x} \end{bmatrix}^{\mathrm{T}}$$

上式中的导数为：

$$\begin{Bmatrix} \dfrac{\partial M_i}{\partial x} \\ \dfrac{\partial M_i}{\partial y} \\ \dfrac{\partial M_i}{\partial z} \end{Bmatrix} = \begin{bmatrix} \dfrac{\partial x}{\partial \xi} & \dfrac{\partial y}{\partial \xi} & \dfrac{\partial z}{\partial \xi} \\ \dfrac{\partial x}{\partial \eta} & \dfrac{\partial y}{\partial \eta} & \dfrac{\partial z}{\partial \eta} \\ \dfrac{\partial x}{\partial \zeta} & \dfrac{\partial y}{\partial \zeta} & \dfrac{\partial z}{\partial \zeta} \end{bmatrix}^{-1} \begin{Bmatrix} \dfrac{\partial M_i}{\partial \xi} \\ \dfrac{\partial M_i}{\partial \eta} \\ \dfrac{\partial M_i}{\partial \zeta} \end{Bmatrix} = [J]^{-1} \begin{Bmatrix} \dfrac{\partial M_i}{\partial \xi} \\ \dfrac{\partial M_i}{\partial \eta} \\ \dfrac{\partial M_i}{\partial \zeta} \end{Bmatrix}$$

Jacobi 矩阵的计算公式与有限元相似，可表示为：

$$
[\boldsymbol{J}] = \begin{bmatrix} \dfrac{\partial x}{\partial \xi} & \dfrac{\partial y}{\partial \xi} & \dfrac{\partial z}{\partial \xi} \\[2mm] \dfrac{\partial x}{\partial \eta} & \dfrac{\partial y}{\partial \eta} & \dfrac{\partial z}{\partial \eta} \\[2mm] \dfrac{\partial x}{\partial \zeta} & \dfrac{\partial y}{\partial \zeta} & \dfrac{\partial z}{\partial \zeta} \end{bmatrix} = \begin{bmatrix} \sum\limits_{i=1}^{6} \dfrac{\partial N_i}{\partial \xi} x_i & \sum\limits_{i=1}^{6} \dfrac{\partial N_i}{\partial \xi} y_i & \sum\limits_{i=1}^{6} \dfrac{\partial N_i}{\partial \xi} z_i \\[2mm] \sum\limits_{i=1}^{6} \dfrac{\partial N_i}{\partial \eta} x_i & \sum\limits_{i=1}^{6} \dfrac{\partial N_i}{\partial \eta} y_i & \sum\limits_{i=1}^{6} \dfrac{\partial N_i}{\partial \eta} z_i \\[2mm] \sum\limits_{i=1}^{6} \dfrac{\partial N_i}{\partial \zeta} x_i & \sum\limits_{i=1}^{6} \dfrac{\partial N_i}{\partial \zeta} y_i & \sum\limits_{i=1}^{6} \dfrac{\partial N_i}{\partial \zeta} z_i \end{bmatrix}
$$

$$
= \begin{bmatrix} \dfrac{\partial N_1}{\partial \xi} & \dfrac{\partial N_2}{\partial \xi} & \cdots & \dfrac{\partial N_6}{\partial \xi} \\[2mm] \dfrac{\partial N_1}{\partial \eta} & \dfrac{\partial N_2}{\partial \eta} & \cdots & \dfrac{\partial N_6}{\partial \eta} \\[2mm] \dfrac{\partial N_1}{\partial \zeta} & \dfrac{\partial N_2}{\partial \zeta} & \cdots & \dfrac{\partial N_6}{\partial \zeta} \end{bmatrix} \begin{bmatrix} x_1 & y_1 & z_1 \\ x_2 & y_2 & z_2 \\ \vdots & \vdots & \vdots \\ x_6 & y_6 & z_6 \end{bmatrix} = [\boldsymbol{j}][\boldsymbol{X}] \tag{6.32}
$$

$$
[\boldsymbol{j}] = \begin{bmatrix} \dfrac{\partial N_1}{\partial \xi} & \dfrac{\partial N_2}{\partial \xi} & \dfrac{\partial N_3}{\partial \xi} & \dfrac{\partial N_4}{\partial \xi} & \dfrac{\partial N_5}{\partial \xi} & \dfrac{\partial N_6}{\partial \xi} \\[2mm] \dfrac{\partial N_1}{\partial \eta} & \dfrac{\partial N_2}{\partial \eta} & \dfrac{\partial N_3}{\partial \eta} & \dfrac{\partial N_4}{\partial \eta} & \dfrac{\partial N_5}{\partial \eta} & \dfrac{\partial N_6}{\partial \eta} \\[2mm] \dfrac{\partial N_1}{\partial \zeta} & \dfrac{\partial N_2}{\partial \zeta} & \dfrac{\partial N_3}{\partial \zeta} & \dfrac{\partial N_4}{\partial \zeta} & \dfrac{\partial N_5}{\partial \zeta} & \dfrac{\partial N_6}{\partial \zeta} \end{bmatrix}
$$

$$
= \begin{bmatrix} \dfrac{-2\zeta}{1-\zeta} & 0 & \dfrac{2\zeta}{1-\zeta} & \dfrac{1+\zeta}{1-\zeta} & 0 & -\dfrac{1+\zeta}{1-\zeta} \\[3mm] 0 & \dfrac{-2\zeta}{1-\zeta} & \dfrac{2\zeta}{1-\zeta} & 0 & \dfrac{1+\zeta}{1-\zeta} & -\dfrac{1+\zeta}{1-\zeta} \\[3mm] \dfrac{-2L_1}{(1-\zeta)^2} & \dfrac{-2L_2}{(1-\zeta)^2} & \dfrac{-2L_3}{(1-\zeta)^2} & \dfrac{2L_1}{(1-\zeta)^2} & \dfrac{2L_2}{(1-\zeta)^2} & \dfrac{2L_3}{(1-\zeta)^2} \end{bmatrix} \tag{6.33}
$$

$$
[\boldsymbol{X}] = \begin{bmatrix} x_1 & x_2 & x_3 & x_4 & x_5 & x_6 \\ y_1 & y_2 & y_3 & y_4 & y_5 & y_6 \\ z_1 & z_2 & z_3 & z_4 & z_5 & z_6 \end{bmatrix}^{\mathrm{T}} \tag{6.34}
$$

而插值函数 M_i 对映射坐标 ξ_j 的偏导数为：

$$
\begin{bmatrix} \dfrac{\partial M_1}{\partial \xi} & \dfrac{\partial M_2}{\partial \xi} & \dfrac{\partial M_3}{\partial \xi} & \dfrac{\partial M_4}{\partial \xi} & \dfrac{\partial M_5}{\partial \xi} & \dfrac{\partial M_6}{\partial \xi} \\[2mm] \dfrac{\partial M_1}{\partial \eta} & \dfrac{\partial M_2}{\partial \eta} & \dfrac{\partial M_3}{\partial \eta} & \dfrac{\partial M_4}{\partial \eta} & \dfrac{\partial M_5}{\partial \eta} & \dfrac{\partial M_6}{\partial \eta} \\[2mm] \dfrac{\partial M_1}{\partial \zeta} & \dfrac{\partial M_2}{\partial \zeta} & \dfrac{\partial M_3}{\partial \zeta} & \dfrac{\partial M_4}{\partial \zeta} & \dfrac{\partial M_5}{\partial \zeta} & \dfrac{\partial M_6}{\partial \zeta} \end{bmatrix}
$$

$$= \begin{bmatrix} \dfrac{\zeta(\zeta-1)}{2} & 0 & \dfrac{\zeta(1-\zeta)}{2} & 1-\zeta^2 & 0 & \zeta^2-1 \\ 0 & \dfrac{\zeta(\zeta-1)}{2} & \dfrac{\zeta(1-\zeta)}{2} & 0 & 1-\zeta^2 & \zeta^2-1 \\ (\zeta-\dfrac{1}{2})L_1 & (\zeta-\dfrac{1}{2})L_2 & (\zeta-\dfrac{1}{2})L_3 & -2\zeta L_1 & -2\zeta L_2 & -2\zeta L_3 \end{bmatrix} \quad (6.35)$$

有研究认为[13]，无界单元也可以进行弹塑性分析。但是无界元的重要功能是消除"边界效应"和减少非必要的计算单元数和节点数，而非进行塑性计算。故宜安置在工程外围的弹性区域，物性矩阵 D 取用弹性物性矩阵，可不考虑材料的非线性特性。

6.4.2　6 节点三维衰减无界元

1) 6 节点衰减无界元的形函数

局部坐标和整体坐标间的转换关系可以表示为插值函数的形式，即式(6.27)。

$$x = \sum_{i=1}^{6} N_i x_i ; \quad y = \sum_{i=1}^{6} N_i y_i ; \quad z = \sum_{i=1}^{6} N_i z_i$$

式中：N_i 为形函数，其构造方式为局部坐标 ζ 在无限延伸方向，取 $\zeta=+1$ 来映射无限远点，而在有限方向 η 采用 Serendipity 函数 $N_i^0(\eta)$，参照式(6.5)。

当 $\zeta \leqslant 0$ 时有：

$$\begin{cases} N_i = -L_i\zeta & (i=1\sim3) \\ N_i = L_{i-3}(1+\zeta) & (i=4\sim6) \end{cases} \quad (6.36)$$

$$[j] = \begin{bmatrix} \dfrac{\partial N_1}{\partial \xi} & \dfrac{\partial N_2}{\partial \xi} & \dfrac{\partial N_3}{\partial \xi} & \dfrac{\partial N_4}{\partial \xi} & \dfrac{\partial N_5}{\partial \xi} & \dfrac{\partial N_6}{\partial \xi} \\ \dfrac{\partial N_1}{\partial \eta} & \dfrac{\partial N_2}{\partial \eta} & \dfrac{\partial N_3}{\partial \eta} & \dfrac{\partial N_4}{\partial \eta} & \dfrac{\partial N_5}{\partial \eta} & \dfrac{\partial N_6}{\partial \eta} \\ \dfrac{\partial N_1}{\partial \zeta} & \dfrac{\partial N_2}{\partial \zeta} & \dfrac{\partial N_3}{\partial \zeta} & \dfrac{\partial N_4}{\partial \zeta} & \dfrac{\partial N_5}{\partial \zeta} & \dfrac{\partial N_6}{\partial \zeta} \end{bmatrix}$$

$$= \begin{bmatrix} -\zeta & 0 & \zeta & 1+\zeta & 0 & -(1+\zeta) \\ 0 & -\zeta & \zeta & 0 & 1+\zeta & -(1+\zeta) \\ -L_1 & -L_2 & -L_3 & L_1 & L_2 & L_3 \end{bmatrix} \quad (6.37)$$

当 $\zeta > 0$ 时有：

$$\begin{cases} N_i = -L_i\zeta/(1-\zeta) & (i=1\sim3) \\ N_i = L_{i-3}/(1-\zeta) & (i=4\sim6) \end{cases} \quad (6.38)$$

$$[\boldsymbol{j}]=\begin{bmatrix} \dfrac{\partial N_1}{\partial \xi} & \dfrac{\partial N_2}{\partial \xi} & \dfrac{\partial N_3}{\partial \xi} & \dfrac{\partial N_4}{\partial \xi} & \dfrac{\partial N_5}{\partial \xi} & \dfrac{\partial N_6}{\partial \xi} \\[2mm] \dfrac{\partial N_1}{\partial \eta} & \dfrac{\partial N_2}{\partial \eta} & \dfrac{\partial N_3}{\partial \eta} & \dfrac{\partial N_4}{\partial \eta} & \dfrac{\partial N_5}{\partial \eta} & \dfrac{\partial N_6}{\partial \eta} \\[2mm] \dfrac{\partial N_1}{\partial \zeta} & \dfrac{\partial N_2}{\partial \zeta} & \dfrac{\partial N_3}{\partial \zeta} & \dfrac{\partial N_4}{\partial \zeta} & \dfrac{\partial N_5}{\partial \zeta} & \dfrac{\partial N_6}{\partial \zeta} \end{bmatrix}$$

$$=\begin{bmatrix} \dfrac{-\zeta}{1-\zeta} & 0 & \dfrac{\zeta}{1-\zeta} & \dfrac{1}{1-\zeta} & 0 & \dfrac{1}{\zeta-1} \\[3mm] 0 & \dfrac{-\zeta}{1-\zeta} & \dfrac{\zeta}{1-\zeta} & 0 & \dfrac{1}{1-\zeta} & \dfrac{1}{\zeta-1} \\[3mm] \dfrac{-L_1}{(1-\zeta)^2} & \dfrac{-L_2}{(1-\zeta)^2} & \dfrac{-L_3}{(1-\zeta)^2} & \dfrac{L_1}{(1-\zeta)^2} & \dfrac{L_2}{(1-\zeta)^2} & \dfrac{L_3}{(1-\zeta)^2} \end{bmatrix} \tag{6.39}$$

2) 6 节点衰减无界元的位移函数

6 节点衰减无界元的位移变换式为：

$$u = \sum_{i=1}^{6} M_i u_i; \quad v = \sum_{i=1}^{6} M_i v_i; \quad w = \sum_{i=1}^{6} M_i w_i$$

式中：M_i 为位移插值函数，且有 $M_i = M_i^0 f_i(r)$。

插值函数 M_i 对局部坐标 ξ_j 的偏导数为：

$$\frac{\partial M_i}{\partial \xi_j} = \frac{\partial M_i^0}{\partial \xi_j} f + \frac{\partial f}{\partial \xi_j} M_i^0$$

M_i^0 可取为 $\zeta \leqslant 0$ 时的形函数 N_i，即式(6.36)，$f_i(r)$ 为衰减函数。$\dfrac{\partial M_i^0}{\partial \xi_j}$ 按式(6.37)

计算，而 $\dfrac{\partial f}{\partial \xi_j}$ 为：

$$\frac{\partial f}{\partial \xi_j} = \frac{\partial f}{\partial r} \frac{\partial r}{\partial \xi_j}$$

3) 6 节点衰减无界元的单元刚度

衰减无界元的单元刚度分析也可以按等参元的步骤进行。

$$[\boldsymbol{k}]_e = \iiint [\boldsymbol{B}]^{\mathrm{T}} [\boldsymbol{D}] [\boldsymbol{B}] \det \boldsymbol{J} \mathrm{d}\xi \mathrm{d}\eta \mathrm{d}\zeta$$

单元刚度矩阵中的 $[\boldsymbol{B}]$ 表达式同式(6.31)，相应项按式(6.19)取值。Jacobi 矩阵表达式同式(6.32)，只是相应项应该按照式(6.37)或者式(6.39)取值。

6.5 算例

根据上述思想，我们采用 VC++ 和 Matlab 混合编程的手段，设计了基于 Windows操作平台的面向对象的有限元与无界元耦合分析软件。程序中,我们还引入了可以与8节点有限元配合使用的8节点无界元,其相应原理可参考文献[14]。

图6.3所示为云南某水电站的有限元计算模型。模型底部约束高程为700.0 m;在主厂房轴线方向,由1#与6#机组,厂房各向外延伸200 m;在垂直于主厂房轴线方向,由主厂房上游侧墙向上游延伸200 m,由调压井垂直轴线向下游延伸200 m。计算范围的单元数为84 917,节点数为19 347。其地下硐室群主要由主厂房、母线洞、主变室、尾水闸门室、调压井等组成(见图6.4)。

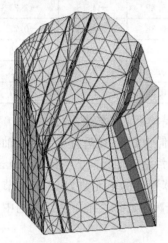 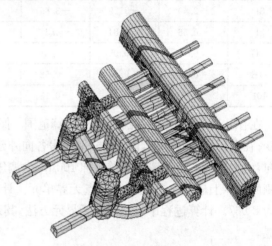

图6.3 有限元计算网格 　　　图6.4 地下硐室群计算网格

用上述模型对该水电站地下硐室群的开挖过程进行了脆塑性模拟分析,为了简化计算,没有考虑围岩的支护措施。表6.3给出了图6.5所示的相应关键部位点的有限元计算值,1、2、3号点分别对应于主厂房、主变室和尾水闸门室的拱顶,4号点对应于主厂房的底板中心,5~10号点分别对应于地下硐室群高边墙相应的特征部位。其中点号后的V表示竖向位移,负值意味着拱顶下沉,正值意味着底板隆起;H表示水平方向的位移,即硐周收敛。

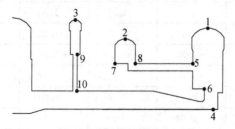

图6.5 用于对比的关键点

表 6.3　特征点位移有限元计算值　　　　　　　　单位:cm

点号	1# 机组	2# 机组	3# 机组	4# 机组	5# 机组	6# 机组
1V	−2.40	−2.27	−1.90	−1.66	−2.06	−1.55
2V	−2.06	−1.93	−2.18	−1.68	−1.46	−1.36
3V	−1.30	−1.33	−1.03	−1.03	−0.90	−0.79
4V	1.93	1.95	1.81	1.60	1.53	1.66
5H	−3.95	−4.02	−4.95	−8.60	−3.31	−3.11
6H	−2.60	−3.29	−3.86	−5.39	−4.16	−2.31
7H	−0.36	−0.84	−0.33	−0.38	−0.63	−0.77
8H	0.12	0.05	0.21	0.21	−0.10	−0.19
9H	0.27	0.60	0.52	0.39	0.09	0.82
10H	0.52	−0.11	−0.13	−0.09	0.03	−0.07

　　在有限元计算模型的基础上,缩小计算范围。保持模型底部约束高程为 700.0 m 不变;在主厂房轴线方向,由 1# 与 6# 厂房各向外延伸 100 m;在垂直于主厂房轴线方向,由主厂房上游侧墙向上游延伸 100 m,由调压井垂直轴线向下游延伸 100 m,在侧面边界上应用 6 节点和 8 节点无界单元。计算划分的单元数为 35 672,节点数为 8 067。计算过程中采用衰减无界元方法,其衰减中心取在地下主厂房的中心位置。

　　用上述无界元与有限元耦合模型对该水电站地下硐室群的开挖过程进行了脆塑性模拟分析,不考虑围岩的支护措施。表 6.4 给出了相应关键部位点的计算值。

表 6.4　特征点无界元与有限元耦合位移计算值　　　　　单位:cm

点号	1# 机组	2# 机组	3# 机组	4# 机组	5# 机组	6# 机组
1V	−2.53	−2.30	−2.08	−1.75	−2.05	−1.61
2V	−2.09	−2.00	−2.28	−1.72	−1.53	−1.33
3V	−1.37	−1.42	−1.08	−1.07	−0.91	−0.82
4V	1.96	1.97	1.84	1.68	1.60	1.75
5H	−3.99	−4.13	−5.07	−8.95	−3.40	−3.22
6H	−2.63	−3.35	−3.87	−5.44	−4.31	−2.43
7H	−0.45	−1.00	−0.41	−0.49	−0.75	−0.82
8H	0.23	0.11	0.34	0.36	−0.18	−0.30
9H	0.38	0.64	0.59	0.45	0.13	0.89
10H	0.63	−0.18	−0.22	−0.14	−0.01	−0.11

　　经简单对比不难发现,上述两种计算模型在地下硐室群的关键部位的计算结

果比较接近,从而验证了有关公式的正确性。但是,无界元与有限元耦合分析比单纯使用有限元分析有效地减少了大量的计算工作量。另外,在有限元分析中,因为人为引入了的边界条件(底部固定约束,侧面边界施加法向约束),在模型的底角和断层边界处出现不合理的塑性区域,而引入无界元后,该情况消失,说明无界元与有限元耦合分析在一定程度上消除了边界效应的影响。

6.6　无界元在地应力场分析中的应用[15]

6.6.1　岩体初始地应力场的有限元分析

在实际应用中,对于地应力场的有限元分析,多采用粗细两种有限元网格相结合的两步算法来进行。其中第一步是进行大范围的有限元分析,多采用粗网格;第二步是对所要关心的工程构筑区域进行小范围的有限元分析,多采用细网格,这样就可以在所要关心的工程施工区划分较多的单元,进而提高计算精度。在采用两步算法时,先后要形成两张有限元网格图,一般说来,在第二步中采用的细网格应包含在第一步中所采用的粗网格之中,并且细网格的边界条件要由粗网格有限元分析的结果来给定。如果细网格的边界节点同时还是粗网格中的节点,那么其边界约束位移就要取为由粗网格分析所得到的节点位移,否则,就要先找出细网格边界节点在粗网格中的整体坐标及其所属的单元,再采用等参元逆变换算法计算出该点的局部坐标值,然后根据形函数插值计算出边界约束的位移量。有关等参元逆变换算法及其计算机实现将在后面详细讨论。另外,作为一种分析方法的讨论,这里仅讨论大范围的有限元分析。

1) 有限元模型的建立

初始地应力场有限元分析模型是以国内某大型水利水电工程的勘测、试验和设计资料为依据而建立的。基于该水电站区域的地质结构特征,以及为建立进一步模拟分析厂房区地下硐室群开挖过程的细网格模型提供相应的计算条件,我们以《某水电站引水发电系统地段地质图》所给边界为限,首先建立了如图 6.6 所示的几何模型,在模型中除了考虑地形地貌要素之外,还考虑了枢纽区一些规模较大的断层和主要岩性分区,涉及的范围和规模都比较大。整体坐标系 $Oxyz$ 的定义如下:Oxz 位于水平面内,x 轴指向东,z 轴指向南,y 轴竖直向上。长度计算单位为 m,y 的坐标以高程计。计算范围如下:$x \in [-200, 850]$,$y \in [700, 地表]$,$z \in [0, 1\,236]$。

图 6.7 是三维初始地应力场分析的有限元模型,模型中的单元采用 8 节点六面体等参单元及其退化单元,共剖分 26 750 个单元,16 817 个网格节点。

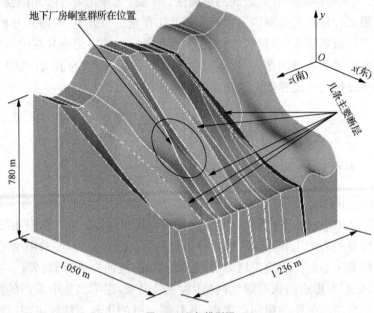

图 6.6　几何模型图

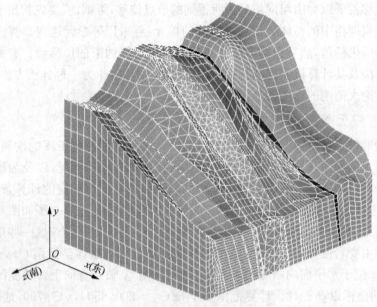

图 6.7　有限元网格

2）初始地应力场反演分析

由于地应力的成因极其复杂,影响地应力场分布的因素很多,如岩体自重、地质构造运动、地形地貌、温度等,为方便模拟分析工程区域初始地应力场的分布特征,一般把地应力场分为自重应力场和构造应力场,由于用有限元法计算的自重应力已相当精确,因此可以把自重应力视为已知值[16],而把除自重之外的其他所有因素引起的应力全部归于所谓的"构造应力"来进行分析[17]。

（1）实测点实测构造应力的计算

实测应力作为测点的总应力,可以写为如下的形式:

$$\sigma_{ij}^{meas} = \sigma_{ij}^{grav} + \sigma_{ij}^{tect} \tag{6.40}$$

式中:σ_{ij}^{meas}、σ_{ij}^{grav}、σ_{ij}^{tect}分别为实测点的总应力张量、自重应力张量、构造应力张量。由于自重应力可以采用有限元法精确获得,而实测点总应力又是已知的,所以有:

$$\sigma_{ij}^{tect} = \sigma_{ij}^{meas} - \sigma_{ij}^{grav} \tag{6.41}$$

根据实测点实测的总应力张量和有限元计算出的自重应力张量,利用式(6.41)即可求得实测点实测构造应力张量。

（2）基本构造运动状态下实测点构造应力的计算

初始地应力的分布规律多受构造运动的影响,要获得合理、可靠的分析结果,就需要对工程区域影响初始地应力分布的可能因素进行必要的分析,通过对基本构造运动状态下实测点构造应力的计算,并与实测构造应力进行最小二乘拟合,然后再对计算结果进行必要的分析和处理,从而得到比较合理的工程构筑区域初始地应力场计算模型。

在反演分析中共考虑了以下几种基本构造运动状态:① 东西向和南北向水平均匀挤压构造运动,计算时以边界面上节点的位移为控制对象,单位控制位移取0.01 m,如图6.8(a)所示;② 水平面内的均匀剪切变形构造运动,计算时以边界面上节点的位移为控制对象,单位控制位移取0.01 m,如图6.8(b)所示;③ 东西向和南北向垂直平面内的竖向均匀剪切变形构造运动,计算时以边界面上节点的位移为控制对象,单位控制位移取0.1 m,边界面上各节点的竖向约束位移随高程线性增加,底部为0,至地表增加至0.1 m,如图6.8(c)、(d)所示。在每个侧面边界上轮换施加上述三类基本构造运动状态,同时在其他三个侧面和底面上施加满足弹性力学求解条件的边界位移约束,这样一来,总共有三类12种基本构造运动状态依次施加在计算模型上。若记$^{c}\sigma_{ij}^{tect}$为基本构造运动状态下有限元计算出的实测点总构造应力张量,则有:

$$^{c}\sigma_{ij}^{tect} = \sum_{k=1}^{n} C_k^m \sigma_{ij}^k \tag{6.42}$$

式中：n 为基本构造运动状态，这里 $n=12$；C_k 为待定系数；$^m\sigma_{ij}^k$ 表示第 k 种基本构造运动状态下在测点处引起的构造应力张量。

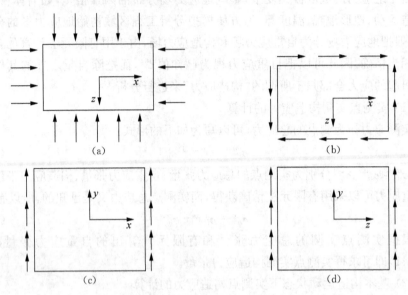

图 6.8　基本构造运动状态

（3）最小二乘拟合分析

由式（6.41）和式（6.42）可以得到实测点的实测构造应力与有限元计算的总构造应力之间的误差为：

$$\sigma_{ij}^{error} = \sigma_{ij}^{tect} - {}^c\sigma_{ij}^{tect} \tag{6.43}$$

要求得式（6.42）中的待定系数 C_k，就需使得所有测点上的实测构造应力与有限元计算的总构造应力之间的误差平方和达到最小，即使得式（6.44）成立。对于空间地应力测量来说，针对每一个实测点，对应于式（6.43）就可以得到 6 个方程，当由实测地应力数据得到的总方程数大于基本构造运动状态的个数时，根据最小二乘法可以唯一确定系数 C_k 的解。

$$\min(\Psi) = \min\left(\sum (\sigma_{ij}^{error})^2\right) \tag{6.44}$$

在进行大范围的初始地应力场分析时，我们仍将岩体视为均质、各向同性的线弹性体。根据某水电站地下厂房硐室群岩体力学性质测试结果，在计算中所采用的岩体力学性质参数如表 6.5 所示。

空间地应力实测值及实测点在计算模型中的坐标如表 6.6 所示，对于表中的数据特做如下说明：① 主应力倾角以水平面向上为正，向下为负；② 主应力方位以正北为起点，顺时针旋转；③ 表中的 15、16 号点为厂房区测点，是地应力拟合中需要重点考虑的实测点;④ 主应力的大小以压为正,拉为负。以下计算中,如不做特殊声明,所有力学量均采用弹性力学记法。

表 6.5　岩体力学性质参数表

	密度 ρ(kg/m³)	弹性模量 E(GPa)	泊松比 μ
地层	2 700	28	0.25
断层	2 450	4	0.35

表 6.6　测点数据

点号	坐标			主应力实测值								
				σ_1			σ_2			σ_3		
	x(m)	y(m)	z(m)	大小(MPa)	方位(°)	倾角(°)	大小(MPa)	方位(°)	倾角(°)	大小(MPa)	方位(°)	倾角(°)
1	441.8	1 120.2	410.4	12.16	7	2	2.14	98	28	7.08	93	−62
2	479	1 127.45	590	11.1	21	27	6.2	61	−55	0.4	121	18
3	628.48	1 005	583.17	16.3	186	23	10.4	297	42	4	76	39
4	685.53	1 005	525.04	11.71	122	4	4.27	26	55	3.27	36	34
5	686.43	1 005	528.22	17.3	83	−10	6.3	5	47	4.97	164	41
6	687.18	1 005	533.22	2.4	52	4	1.47	131	−69	1.09	144	21
7	520.0	1 018.5	780.7	28	188	−1	14.6	276	−60	5.9	278	29
8	593.7	1 039.77	536.27	16.5	36	1	9.22	119	−50	7.8	121	40
9	593.8	1 039.77	530.9	10.9	80	51	6.72	18	−21	0.79	121	−31
10	594.16	1 039.77	526.49	17.95	170	−11	11.63	76	−21	5.47	106	66
11	594.46	1 039.77	523.49	18.42	12	1	9.35	103	22	6.48	99	−68
12	594.91	1 039.77	519.58	20.69	6	−4	12.25	93	40	6.51	101	−49
13	623.09	1 047.79	462.5	17.08	20	−3	2.11	110	17	8.54	119	−73
14	389	1 018.5	651	26.7	296	52	19.7	219	−10	6.9	137	35
15	306	1 018.5	549	16.4	311	53	10.8	220	0	8.7	129	36
16	281	1 018.5	623	21.2	309	49	15.0	221	−2	10.1	133	40

根据以上的论述,采用图 6.7 的有限元模型对岩体初始地应力场进行了计算和分析。首先分析了 16 个测点全部参与计算时的情况,表 6.7~表 6.11 给出了有限元计算的结果,不难看出,部分实测点上的拟合误差比较大。在初算的基础上,剔除掉相对误差较大以及离地表较近的几个实测点之后,重新进行了拟合计算,相应的结果列于表 6.12~表 6.16。从表 6.7 与表 6.12 及表 6.10 与表 6.15 可以看出,第二次的计算结果要明显好于第一次的计算结果。表 6.11 与表 6.16 分别为

厂房区两个关键测点的主应力拟合结果(括号中的数据为主应力的相对误差)。

表 6.7 拟合系数与相关系数计算结果

拟合系数 C_i	C_1	C_2	C_3	C_4	C_5	C_6
	$-326\ 730.00$	$-427\ 500.00$	$425\ 950.00$	$327\ 240.00$	$-1\ 079.20$	699.52
	C_8	C_8	C_9	C_{10}	C_{11}	C_{12}
	-316.26	$-1\ 664.3$	22.569	-477.69	$-3.464\ 9$	105.33
相关系数 R	0.796 26					

表 6.8 测点构造应力实测值

$$\sigma_{ij}^{\text{tect}} = \sigma_{ij}^{\text{meas}} - \sigma_{ij}^{\text{grav}}$$

点号	σ_x	σ_y	σ_z	τ_{xy}	τ_{yz}	τ_{zx}
1	0.886 6	$-5.529\ 1$	$-10.991\ 0$	1.478 9	0.300 6	1.367 2
2	1.286 4	$-5.804\ 3$	$-7.207\ 4$	0.271 2	2.498 5	3.939 0
3	$-2.646\ 8$	$-8.006\ 1$	$-13.868\ 0$	2.702 6	$-3.208\ 7$	$-0.039\ 0$
4	$-5.151\ 9$	$-3.278\ 4$	$-4.794\ 2$	$-3.033\ 4$	2.395 4	$-3.363\ 5$
5	$-12.532\ 0$	$-5.331\ 1$	$-4.705\ 5$	1.424 7	0.175 2	1.813 4
6	2.327 6	$-0.784\ 8$	$-0.563\ 7$	$-0.532\ 2$	$-0.077\ 8$	0.879 8
7	$-4.307\ 7$	$-11.705\ 0$	$-26.515\ 0$	$-4.312\ 0$	$-0.991\ 2$	3.096 6
8	$-7.793\ 0$	$-7.990\ 8$	$-11.860\ 0$	$-0.005\ 6$	0.226 1	4.460 3
9	$-0.934\ 2$	$-7.019\ 3$	$-4.513\ 6$	$-4.804\ 3$	$-1.236\ 7$	2.422 1
10	$-6.641\ 4$	$-6.108\ 0$	$-16.435\ 0$	1.834 1	1.626 4	$-0.576\ 5$
11	$-5.070\ 2$	$-6.311\ 6$	$-17.061\ 0$	$-1.565\ 5$	$-0.243\ 1$	2.076 0
12	$-5.857\ 1$	$-8.331\ 0$	$-19.518\ 0$	$-3.254\ 1$	$-1.301\ 8$	1.464 7
13	$-0.051\ 9$	$-7.556\ 7$	$-14.462\ 0$	1.337 4	$-0.049\ 0$	4.730 9
14	$-13.651\ 0$	$-19.005\ 0$	$-14.978\ 0$	6.799 9	5.783 5	3.237 1
15	$-7.057\ 1$	$-12.838\ 0$	$-10.125\ 0$	2.188 5	2.360 0	$-0.142\ 4$
16	$-10.891\ 0$	$-15.658\ 0$	$-13.876\ 0$	3.632 8	3.411 0	0.252 8

表 6.9　测点构造应力拟合值

点号	$^c\sigma_{ij}^{tect} = \sum\limits_{k=1}^{n} C_k^m \sigma_{ij}^k$					
	σ_x	σ_y	σ_z	τ_{xy}	τ_{yz}	τ_{zx}
1	−5.032 7	−10.370 0	−14.589 0	2.140 1	1.007 4	1.933 3
2	−3.999 5	−5.663 4	−9.514 5	−0.804 4	0.810 1	1.832 9
3	−2.596 1	−7.854 9	−10.557 0	−0.469 4	2.350 3	3.814 2
4	−3.859 2	−7.128 5	−10.195 0	−0.022 5	0.667 1	2.534 3
5	−4.100 9	−4.624 2	−8.260 0	−0.707 5	0.374 7	1.931 9
6	−3.884 6	−6.384 2	−10.459 0	−0.136 1	0.682 5	1.763 0
7	−4.463 3	−8.291 7	−12.702 0	0.192 2	0.229 0	2.027 1
8	−4.047 3	−3.730 6	−7.939 0	0.058 6	−0.754 9	0.950 8
9	−5.357 6	−7.621 3	−11.749 0	0.547 0	−1.120 7	1.543 6
10	−6.734 0	−9.693 3	−14.189 0	−0.132 6	0.172 4	0.963 3
11	−6.768 8	−9.770 6	−14.634 0	0.062 7	−0.044 3	0.599 2
12	−6.099 8	−10.178 0	−14.957 0	0.450 4	0.001 2	0.411 2
13	−7.149 7	−9.956 9	−14.802 0	1.785 8	−1.330 1	0.131 7
14	−6.577 1	−11.592 0	−15.722 0	2.426 6	0.161 9	1.206 7
15	−4.178 3	−6.227 5	−9.849 3	−0.215 0	0.529 6	1.351 3
16	−3.960 6	−6.942 3	−10.717 0	0.188 0	0.568 7	1.479 9

表 6.10　残差张量

点号	$\sigma_{ij}^{error} = \sigma_{ij}^{tect} - {}^c\sigma_{ij}^{tect}$					
	σ_x	σ_y	σ_z	τ_{xy}	τ_{yz}	τ_{zx}
1	5.919 2	4.840 5	3.597 6	−0.661 2	−0.706 8	−0.566 2
2	5.285 9	−0.140 9	2.307 0	1.075 5	1.688 4	2.106 1
3	−0.050 7	−0.151 2	−3.310 7	3.172 0	−5.559 1	−3.853 1
4	−1.292 6	3.850 1	5.400 9	−3.010 9	1.728 3	−5.897 8
5	−8.430 6	−0.706 9	3.554 6	2.132 1	−0.199 5	−0.118 5
6	6.212 1	5.599 5	9.894 9	−0.396 0	−0.760 2	−0.883 2
7	0.155 6	−3.412 9	−13.814 0	−4.504 2	−1.220 2	1.069 4
8	−3.745 7	−4.260 2	−3.921 2	−0.064 2	0.981 0	3.509 4
9	4.423 4	0.602 0	7.235 5	−5.351 3	−0.115 9	0.878 5
10	0.092 7	3.584 8	−2.246 0	1.966 8	1.454 0	−1.539 8

（续表 6.10）

点号	$\sigma_{ij}^{error} = \sigma_{ij}^{tect} - {}^c\sigma_{ij}^{tect}$					
	σ_x	σ_y	σ_z	τ_{xy}	τ_{yz}	τ_{zx}
11	1.698 6	3.459 0	−2.426 4	−1.628 2	−0.198 8	1.476 8
12	0.242 7	1.847 4	−4.560 7	−3.704 5	−1.303 1	1.053 5
13	7.097 8	2.400 2	0.340 2	−0.448 4	1.281 0	4.599 2
14	−7.074 3	−7.412 3	0.744 5	4.373 4	5.621 6	2.030 4
15	−2.878 8	−6.610 9	−0.275 6	2.403 5	1.830 4	−1.493 7
16	−6.930 5	−8.715 0	−3.158 6	3.444 8	2.842 3	−1.227 1

表 6.11　厂房区测点主应力拟合值（压为正，拉为负）

点号	主应力拟合值								
	σ_1			σ_2			σ_3		
	大小 (MPa)	方位 (°)	倾角 (°)	大小 (MPa)	方位 (°)	倾角 (°)	大小 (MPa)	方位 (°)	倾角 (°)
15	11.358 1 (30.74%)	199.4	−7.4	8.216 8 (23.92%)	106.5	−21.135 9	6.559 9 (24.60%)	127.7	67.5
16	12.187 4 (42.84%)	195.9	−6.6	8.589 4 (42.74%)	100.4	−39.607 0	6.718 8 (33.48%)	113.77	49.6

表 6.12　拟合系数与相关系数计算结果

拟合系数 C_i	C_1	C_2	C_3	C_4	C_5	C_6
	−413 260.00	−316 950.00	413 850.00	315 220.00	−1 258.60	1 815.00
	C_8	C_8	C_9	C_{10}	C_{11}	C_{12}
	−231.27	−1 949.50	8.07	−539.99	−4.26	143.56
相关系数 R	0.861 04					

表 6.13　测点构造应力实测值

点号	$\sigma_{ij}^{tect} = \sigma_{ij}^{meas} - \sigma_{ij}^{grav}$					
	σ_x	σ_y	σ_z	τ_{xy}	τ_{yz}	τ_{zx}
3	−2.646 8	−8.006 1	−13.868 0	2.702 6	−3.208 7	−0.039 0
4	−5.151 9	−3.278 4	−4.794 2	−3.033 4	2.395 4	−3.363 5
5	−12.532 0	−5.331 1	−4.705 2	1.424 7	0.175 2	1.813 4
7	−4.307 7	−11.705 0	−26.515 0	−4.312 0	−0.991 2	3.096 6

（续表 6.13）

点号	$\sigma_{ij}^{\text{tect}} = \sigma_{ij}^{\text{meas}} - \sigma_{ij}^{\text{grav}}$					
	σ_x	σ_y	σ_z	τ_{xy}	τ_{yz}	τ_{zx}
8	−7.793 0	−7.990 8	−11.860 0	−0.005 6	0.226 1	4.460 3
10	−6.641 4	−6.108 5	−16.435 0	1.834 1	1.626 4	−0.576 5
11	−5.070 2	−6.311 6	−17.061 0	−1.565 5	−0.243 1	2.076 0
12	−5.857 1	−8.331 0	−19.518 0	−3.254 1	−1.301 8	1.464 7
14	−13.651 0	−19.005 0	−14.978 0	6.799 9	5.783 5	3.237 1
15	−7.057 1	−12.838 0	−10.125 0	2.188 5	2.360 0	−0.142 4
16	−10.891 0	−15.658 0	−13.876 0	3.632 8	3.411 0	0.252 8

表 6.14 测点构造应力拟合值

点号	${}^c\sigma_{ij}^{\text{tect}} = \sum_{k=1}^{n} C_k^m \sigma_{ij}^k$					
	σ_x	σ_y	σ_z	τ_{xy}	τ_{yz}	τ_{zx}
3	−4.555 5	−8.098 3	−12.252 0	−0.566 5	1.082 3	3.508 5
4	−6.905 8	−8.811 4	−13.436 0	0.145 4	0.528 4	2.134 8
5	−6.691 8	−6.385 4	−9.719 1	−0.664 7	1.113 6	1.769 0
7	−7.439 3	−9.939 0	−15.626 0	0.542 9	0.098 5	1.512 5
8	−7.814 1	−6.814 0	−11.176 0	0.335 8	0.896 7	0.723 9
10	−8.401 3	−10.660 0	−14.948 0	0.313 5	0.065 8	0.319 0
11	−8.739 0	−10.995 0	−15.586 0	0.622 4	0.052 0	−0.083 7
12	−8.049 8	−11.488 0	−16.114 0	1.161 3	0.130 5	−0.349 7
14	−9.940 4	−13.740 0	−20.726 0	3.660 7	−0.066 5	0.244 5
15	−6.573 0	−7.820 1	−11.013 0	0.106 3	1.142 8	1.015 0
16	−6.574 7	−8.620 7	−12.734 0	0.585 6	0.976 1	1.058 8

表 6.15 残差张量

点号	$\sigma_{ij}^{\text{error}} = \sigma_{ij}^{\text{tect}} - {}^c\sigma_{ij}^{\text{tect}}$					
	σ_x	σ_y	σ_z	τ_{xy}	τ_{yz}	τ_{zx}
3	1.908 7	0.092 2	−1.616 2	3.269 1	−4.291 0	−3.547 5
4	1.753 9	5.533 0	8.642 1	−3.178 8	1.867 0	−5.498 3
5	−5.839 7	1.054 3	5.013 6	2.089 4	−0.938 4	0.044 4
7	3.131 6	−1.765 6	−10.889 0	−4.854 9	−1.089 7	1.584 1

（续表 6.15）

点号	$\sigma_{ij}^{error} = \sigma_{ij}^{tect} - {}^c\sigma_{ij}^{tect}$					
	σ_x	σ_y	σ_z	τ_{xy}	τ_{yz}	τ_{zx}
8	0.021 1	−1.176 7	−0.684 6	−0.341 4	−0.670 6	3.736 4
10	1.759 9	4.551 5	−1.487 4	1.520 6	1.560 6	−0.895 4
11	3.668 8	4.683 7	−1.475 2	−2.187 9	−0.295 1	2.159 7
12	2.192 7	3.157 0	−3.403 8	−4.415 4	−1.432 3	1.814 4
14	−3.711 0	−5.265 0	5.748 5	3.139 2	5.850 0	2.992 6
15	−0.484 1	−5.018 3	0.888 3	2.082 3	1.217 2	−1.157 4
16	−4.316 4	−7.036 9	−1.141 5	3.047 2	2.434 9	−0.806 0

表 6.16　厂房区测点主应力拟合值（压为正，拉为负）

点号	主应力拟合值								
	σ_1			σ_2			σ_3		
	大小(MPa)	方位(°)	倾角(°)	大小(MPa)	方位(°)	倾角(°)	大小(MPa)	方位(°)	倾角(°)
15	12.640 2 (22.93%)	197.2	−14.7	10.893 6 (0.87%)	101.7	−20.4	7.752 0 (10.90%)	140.4	64.5
16	14.136 6 (33.32%)	189.9	−11.1	11.391 5 (24.06%)	93.6	−29.1	8.277 1 (18.05%)	118.6	58.5

6.6.2　无界元应用于地应力场分析

我们仍然以上节所述的分析方法和步骤，在反演分析中共考虑了以下三类基本构造运动状态：① 东西向和南北向水平均匀挤压构造运动，计算时以边界面上节点的位移为控制对象，单位位移取 0.01 m，如图 6.8(a)所示；② 水平面内的均匀剪切变形构造运动，计算时以边界面上节点的位移为控制对象，单位位移取 0.01 m，如图 6.8(b)所示；③ 东西向和南北向垂直平面内的竖向均匀剪切变形构造运动，计算时以边界面上节点的位移为控制对象，单位位移取 0.1 m，边界面上各节点的竖向约束位移随高程线性增加，底部为 0，至地表增加至 0.1 m，如图 6.8(c)、(d)所示。在每个侧面边界上轮换施加上述三类基本构造运动状态，同时在其他满足无限远处位移为零的侧面边界上引入无界单元，而在底面上施加法向位移约束，这样仍然是三类 12 种基本构造运动状态依次施加在模型上。图 6.9 是在 $x=-200$ m 侧面边界上施加水平挤压构造位移时的计算网格。表 6.17～表 6.25 是在边界上引入无界元之后的计算结果，其中表 6.17～表 6.21 是 16 个测点全部参与计算时的结果,表 6.22～6.26 是在初算的基础上,剔除掉相对误差较大以及离地表较近的几个实测点之后重新计算后的结果。从表 6.17 与表 6.22 及表 6.20与表 6.25 可以看出,后者明显优于前者,不仅拟合的相关系数有所提高,而且残差也明显降低。表 6.21 与表 6.26 分别为厂房区两个测点的主应力拟合值(括号中的数据为主应力的相对误差)。

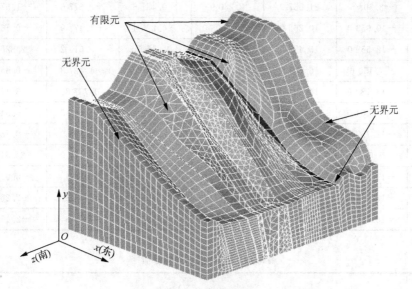

图 6.9 计算网格

表 6.17 拟合系数与相关系数计算结果

	C_1	C_2	C_3	C_4	C_5	C_6
拟合系数 C_i	223.26	−117.02	−207.98	88.80	−199.19	14.34
	C_8	C_8	C_9	C_{10}	C_{11}	C_{12}
	−164.28	150.83	−52.632	−8.49	−135.04	17.90
相关系数 R	0.901 1					

表 6.18 测点构造应力实测值

点号	$\sigma_{ij}^{tect} = \sigma_{ij}^{meas} - \sigma_{ij}^{grav}$					
	σ_x	σ_y	σ_z	τ_{xy}	τ_{yz}	τ_{zx}
1	−4.619 7	18.700 0	−6.588 0	1.603 5	−0.059 5	−2.098 2
2	−4.734 6	15.919 0	−4.670 8	0.334 9	1.798 4	1.694 9
3	−10.492 0	12.395 0	−14.544 0	2.814 8	−3.821 6	−4.219 0

点号	$\sigma_{ij}^{tect} = \sigma_{ij}^{meas} - \sigma_{ij}^{grav}$					
	σ_x	σ_y	σ_z	τ_{xy}	τ_{yz}	τ_{zx}
4	−11.781 0	19.016 0	−3.274 9	−2.873 8	2.006 2	−6.691 9
5	−18.412 0	17.079 0	−2.022 1	1.557 9	−0.357 6	−0.419 3
6	−3.608 6	21.537 0	2.260 9	−0.471 6	−0.677 6	−1.571 8
7	−10.953 0	10.263 0	−25.005 0	−4.225 4	−1.477 9	−0.103 9
8	−12.559 0	16.429 0	−7.107 4	0.215 5	−0.011 2	2.828 6
9	−7.150 6	16.081 0	−2.389 1	−4.607 6	−1.427 3	−0.548 3
10	−13.182 0	14.724 0	−14.664 0	1.726 8	0.737 8	−3.177 6
11	−11.264 0	15.022 0	−14.600 0	−1.648 2	−1.047 9	−0.348 1
12	−11.757 0	13.448 0	−16.371 0	−3.342 3	−2.055 9	−0.887 9
13	−5.080 8	16.741 0	−9.604 8	1.392 4	−0.377 9	2.351 2
14	−19.010 0	5.244 9	−10.293 0	6.866 5	5.406 4	−0.013 7
15	−12.615 0	9.735 2	−6.581 1	2.263 8	1.784 3	−2.265 5
16	−16.550 0	7.165 3	−10.408 0	3.689 6	2.864 8	−2.159 5

表 6.19　测点构造应力拟合值

点号	$^c\sigma_{ij}^{tect} = \sum_{k=1}^{n} C_k^m \sigma_{ij}^k$					
	σ_x	σ_y	σ_z	τ_{xy}	τ_{yz}	τ_{zx}
1	−10.271 0	14.179 0	−13.301 0	1.264 0	−0.337 2	−0.540 1
2	−10.680 0	14.702 0	−6.995 8	0.384 8	0.560 6	−1.701 1
3	−10.079 0	12.954 0	−12.360 0	0.826 8	0.055 3	−6.082 9
4	−10.703 0	14.028 0	−9.906 9	0.877 3	0.014 7	−3.252 0
5	−10.934 0	15.034 0	−6.327 2	0.526 1	0.417 4	−1.767 6
6	−10.904 0	14.610 0	−7.937 3	0.504 9	0.467 6	−1.513 8
7	−10.861 0	13.768 0	−9.848 1	0.724 3	0.133 9	−2.660 2
8	−11.360 0	16.088 0	−4.669 8	0.698 8	0.297 0	0.491 1
9	−11.174 0	14.312 0	−8.480 5	0.923 0	−0.101 6	−1.759 9
10	−10.967 0	13.476 0	−8.974 1	0.192 9	0.649 1	−1.359 8
11	−10.936 0	13.743 0	−8.757 0	0.236 2	0.635 7	−0.548 3
12	−10.918 0	13.866 0	−9.170 9	0.263 1	0.668 7	0.161 9
13	−11.328 0	14.622 0	−9.224 0	0.801 4	0.097 9	1.618 8

（续表 6.19）

点号	$^c\sigma_{ij}^{\text{tect}} = \sum\limits_{k=1}^{n} C_k^m \sigma_{ij}^k$					
	σ_x	σ_y	σ_z	τ_{xy}	τ_{yz}	τ_{zx}
14	−10.555 0	14.042 0	−12.991 0	1.141 3	−0.240 9	0.500 6
15	−10.769 0	14.937 0	−7.291 5	0.468 9	0.530 3	−0.559 3
16	−10.937 0	14.700 0	−8.356 2	0.559 1	0.444 3	−0.807 3

表 6.20 残差张量

点号	$\sigma_{ij}^{\text{error}} = \sigma_{ij}^{\text{tect}} - {}^c\sigma_{ij}^{\text{tect}}$					
	σ_x	σ_y	σ_z	τ_{xy}	τ_{yz}	τ_{zx}
1	5.651 5	4.521 1	6.713 3	0.339 6	0.277 7	−1.558 0
2	5.945 4	1.216 5	2.325 0	−0.049 9	1.237 8	3.395 9
3	−0.412 6	−0.558 4	−2.184 0	1.988 0	−3.877 0	1.864 0
4	−1.077 3	4.987 9	6.632 0	−3.751 1	1.991 5	−3.440 0
5	−7.478 4	2.045 6	4.305 1	1.031 8	−0.775 0	1.348 2
6	7.295 6	6.926 6	10.198 0	−0.976 5	−1.145 2	−0.058 0
7	−0.091 7	−3.504 9	−15.157 0	−4.949 7	−1.611 8	2.556 3
8	−1.198 7	0.340 9	−2.437 6	−0.483 3	−0.308 2	2.337 5
9	4.023 2	1.768 6	6.091 3	−5.530 7	−1.325 7	1.211 6
10	−2.214 9	1.248 5	−5.690 2	1.533 9	0.088 7	−1.817 8
11	−0.327 9	1.279 3	−5.842 8	−1.884 4	−1.683 5	0.200 2
12	−0.838 8	−0.418 5	−7.199 6	−3.605 4	−2.724 6	−1.049 7
13	6.247 5	2.119 4	−0.380 8	0.591 0	−0.475 9	0.732 4
14	−8.454 7	−8.796 8	2.697 6	5.725 2	5.647 3	−0.514 3
15	−1.845 2	−5.201 4	0.710 4	1.794 9	1.254 0	−1.706 2
16	−5.612 6	−7.535 2	−2.051 6	3.130 5	2.420 5	−1.352 3

表 6.21 厂房区测点主应力拟合值（压为正，拉为负）

点号	主应力拟合值								
	σ_1			σ_2			σ_3		
	大小 (MPa)	方位 (°)	倾角 (°)	大小 (MPa)	方位 (°)	倾角 (°)	大小 (MPa)	方位 (°)	倾角 (°)
15	12.604 6 (23.14%)	198.9	−12.2	9.887 3 (8.45%)	100.1	−35.4	7.071 9 (18.71%)	124.9	51.9

(续表 6.21)

点号	主应力拟合值								
	σ_1			σ_2			σ_3		
	大小(MPa)	方位(°)	倾角(°)	大小(MPa)	方位(°)	倾角(°)	大小(MPa)	方位(°)	倾角(°)
16	13.469 0 (36.75%)	196.3	−10.1	10.195 5 (32.03%)	97.9	−39.3	7.436 0 (26.38%)	118.1	48.9

表 6.22　拟合系数与相关系数计算结果

拟合系数 C_i	C_1	C_2	C_3	C_4	C_5	C_6
	407.37	−48.03	−368.49	62.20	312.65	−3.37
	C_8	C_8	C_9	C_{10}	C_{11}	C_{12}
	−50.06	598.44	−72.64	−4.032	−127.03	30.55
相关系数 R	0.929 4					

表 6.23　测点构造应力实测值

点号	$\sigma_{ij}^{\text{tect}} = \sigma_{ij}^{\text{meas}} - \sigma_{ij}^{\text{grav}}$					
	σ_x	σ_y	σ_z	τ_{xy}	τ_{yz}	τ_{zx}
3	−10.492 0	12.395 0	−14.544 0	2.814 8	−3.821 6	−4.219 0
4	−11.781 0	19.016 0	−3.274 9	−2.873 8	2.006 2	−6.691 9
5	−18.412 0	17.079 0	−2.022 1	1.557 9	−0.357 6	−0.419 3
7	−10.953 0	10.263 0	−25.005 0	−4.225 4	−1.477 9	−0.103 9
8	−12.559 0	16.429 0	−7.107 4	0.215 5	−0.011 2	2.828 6
10	−13.182 0	14.724 0	−14.664 0	1.726 8	0.737 8	−3.177 6
11	−11.264 0	15.022 0	−14.600 0	−1.648 2	−1.047 9	−0.348 1
12	−11.757 0	13.448 0	−16.371 0	−3.342 3	−2.055 9	−0.887 9
14	−19.010 0	5.244 9	−10.293 0	6.866 5	5.406 4	−0.013 7
15	−12.615 0	9.735 2	−6.581 1	2.263 8	1.784 3	−2.265 5
16	−16.550 0	7.165 3	−10.408 0	3.689 6	2.864 8	−2.159 5

表 6.24 测点构造应力拟合值

点号	${}^{c}\sigma_{ij}^{tect} = \sum_{k=1}^{n} C_{k}^{n}\sigma_{ij}^{k}$					
	σ_x	σ_y	σ_z	τ_{xy}	τ_{yz}	τ_{zx}
3	−10.312 0	11.466 0	−15.183 0	1.305 5	0.445 9	−5.196 0
4	−12.437 0	12.763 0	−12.505 0	1.514 8	0.311 8	−3.087 6
5	−12.407 0	14.317 0	−8.527 4	0.839 4	0.463 6	−2.662 2
7	−12.547 0	12.511 0	−12.272 0	1.328 0	0.360 1	−2.469 6
8	−14.572 0	15.389 0	−6.814 3	1.220 9	0.337 7	−1.001 1
10	−12.632 0	12.109 0	−11.004 0	0.459 8	0.616 9	−1.556 7
11	−13.305 0	12.250 0	−10.753 0	0.552 0	0.583 0	−0.928 9
12	−14.340 0	12.019 0	−11.181 0	0.622 8	0.634 4	−0.348 9
14	−17.713 0	10.790 0	−15.831 0	2.046 4	−0.004 2	0.422 4
15	−13.754 0	13.571 0	−9.442 9	0.777 1	0.530 1	−1.588 5
16	−14.429 0	13.076 0	−10.660 0	0.978 2	0.554 2	−1.591 1

表 6.25 残差张量

点号	$\sigma_{ij}^{error} = \sigma_{ij}^{tect} - {}^{c}\sigma_{ij}^{tect}$					
	σ_x	σ_y	σ_z	τ_{xy}	τ_{yz}	τ_{zx}
3	−0.179 7	0.929 1	0.639 8	1.509 2	−4.267 6	0.977 0
4	0.656 3	6.253 3	9.230 5	−4.388 7	1.694 4	−3.604 4
5	−6.005 0	2.762 1	6.505 3	0.718 5	−0.821 2	2.242 8
7	1.593 7	−2.248 2	−12.733 0	−5.553 4	−1.838 0	2.365 7
8	2.013 7	1.039 9	−0.293 1	−1.005 4	−0.349 0	3.829 7
10	−0.549 4	2.615 5	−3.660 5	1.267 0	0.121 0	−1.620 8
11	2.040 2	2.772 5	−3.846 5	−2.200 2	−1.630 8	0.580 8
12	2.583 7	1.428 3	−5.189 6	−3.965 2	−2.690 4	−0.539 0
14	−1.296 9	−5.545 2	5.537 9	4.820 1	5.410 6	−0.436 0
15	1.139 6	−3.835 6	2.861 9	1.486 7	1.254 2	−0.677 1
16	−2.120 9	−5.911 2	0.251 9	2.711 4	2.310 6	−0.568 5

表 6.26　厂房区测点主应力拟合值（压为正，拉为负）

点号	主应力拟合值								
	σ_1			σ_2			σ_3		
	大小（MPa）	方位（°）	倾角（°）	大小（MPa）	方位（°）	倾角（°）	大小（MPa）	方位（°）	倾角（°）
15	14.378 2（12.33%）	−2.7	16.1	12.870 8（19.17%）	82.0	−18.0	8.816 9（1.34%）	−53.4	−65.5
16	15.502 2（26.88%）	5.4	12.6	13.658 9（8.94%）	89.8	−23.8	9.358 7（7.34%）	−58.9	−62.6

从前面对厂房区两个测点的主应力拟合的结果不难看出，两个测点的主应力方位及倾角的拟合结果与实测结果相差较大，对于这种现象简要分析如下：① 实测地应力数据资料本身可能存在一定的误差；② 计算中所采用的材料参数是岩体的综合弹性参数，而在对实测地应力数据处理时所采用的参数是测点部位的局部弹性参数，这两者之间可能存在较大的差别；③ 某些测点可能处于一些特殊的地质构造影响范围内，而这些地质构造可能会对应力的方位（甚至量值）产生较大影响；④ 在有限元分析中所采用的数据本身具有一定的分散性，当拟合过程中所采用的数据比较少而且测点又相对集中时，拟合的结果就会好些。相反，如果拟合过程中所采用的数据比较多而且测点又比较分散，拟合的结果就要差些。总之，对于地应力场的有限元分析是一项十分复杂的工作，必须综合考虑多方面的影响因素，并根据实际工程问题的具体要求进行必要的取舍，才可能给出比较科学合理的结果，从而为工程建设提供可靠的计算分析依据。

对比表 6.7 与表 6.17、表 6.12 与表 6.22 以及表 6.11 与表 6.21、表 6.16 与表 6.26，不难看出，无界元作为有限元分析中的特殊单元，在引入初始地应力场有限元分析模型之后，其计算结果明显优于常规的有限元分析结果，无疑为初始地应力场分析提供了一种新途径。

参 考 文 献

[1]　朱伯芳. 有限单元法原理与应用[M]. 北京：中国水利水电出版社，2009.

[2]　周维垣. 高等岩石力学[M]. 北京：水利电力出版社，1990.

[3]　Ungless R F. An infinite element[D]. Columbia：University of British Columbia，1973.

[4]　Bettess P. More on infinite elements[J]. International Journal for Numerical Methods in Engineering，1980，16(11)：1613 − 1626.

[5]　Beer G，Meek J L. Infinite domain elements[J]. International Journal for Numerical

Methods in Engineering,1981,17(1):43-52.

[6]　史贵才.脆塑性岩石破坏后区力学特性的面向对象有限元与无界元耦合模拟研究[D].武汉:中国科学院武汉岩土力学研究所,2005.

[7]　葛修润,谷先荣,丰定祥.三维无界元与节理无界元[J].岩土工程学报,1986,8(5):9-20.

[8]　张建辉,邓安福,严春风.关于三维无限元的一种新模型[J].重庆建筑大学学报,1998,20(2):31-34.

[9]　干腾君.考虑上部结构共同作用的筏板基础分析及其优化[D].重庆:重庆大学,2001.

[10]　燕柳斌,赵艳林.用映射无限元模拟直立式沉箱基础[J].红水河,1997,16(2):25-27.

[11]　曾祥勇.竖向荷载作用下浅基础的层状地基强度和变形有限元分析[D].重庆:重庆大学,2001.

[12]　王后裕,朱可善,言志信.三维双向及三向映射无限元[J].工程力学,2002,19(3):95-98.

[13]　张镜剑,涂金良,孙大风.变结点无界元和有限元耦合在三维弹塑性分析中的应用[J].华北水利水电学报,1991,(3):1-7.

[14]　吕明.无界元及其在工程中的应用[C]//中国水利水电科学研究院科学研究论文集.北京:中国水利水电出版社,1985:37-46.

[15]　侯明勋.深部岩体三维地应力测量新方法新原理及其相关问题研究[D].武汉:中国科学院武汉岩土力学研究所,2004.

[16]　朱伯芳.岩体初始地应力反分析[J].水利学报,1994,25(10):30-34

[17]　McKinnon S D. Analysis of stress measurements using a numerical model methodology[J]. International Journal of Rock Mechanics & Mining Sciences,2001,38:699-709.

7 脆塑性有限元分析程序设计及其应用

7.1 使用面向对象的方法来编写程序的必要性

7.1.1 数据结构与算法

要想深入地理解用面向对象的方法来编写大型应用程序的必要性,需要从数据结构和算法谈起。

数据(Data)是人们利用文字符号、数学符号以及其他的符号对现实世界的事物及其活动所做的描述[1]。例如,一个人的名字可以用一个字符串来描述,一条曲线可以用一个数组来描述(数组中的元素用来存储曲线中对应点的坐标值和颜色编号)。因此,一个文档、记录、数组、句子、单词、算式、符号等都可以称为数据。

数据结构(Data Structure)是指数据及其相互联系。任何事物及其活动都不是孤立存在的,在一定意义上都是相互联系、相互影响的,所以数据之间必然存在着联系。数据之间的联系,被称为逻辑结构。在计算机存储数据时,不仅要存储数据本身,而且要存储它们之间的联系(即逻辑结构)。一种数据在存储器中的存储方式称为数据的物理结构或存储结构。由于存储方式有顺序、链接、索引、散列等多种形式,所以一种数据结构可以根据应用的需要表示成一种或几种存储结构。数据的逻辑结构和存储结构都反映数据的结构,但通常所说的数据结构是指数据的逻辑结构。数据结构按照逻辑结构可分为四种:集合结构、线性结构、层次结构和网状结构。

算法(Algorithm)是指解决问题的一种方法或者一个过程[2]。算法一般分为数值和非数值两类。科学和工程计算方法方面的算法都属于数值算法,如求解数值积分、求解线性方程组等问题。在各种数据结构上进行的排序、查找、删除等算法为非数值算法。数值算法和非数值算法并没有严格区别,一般说来,在非数值算法中,主要进行比较和逻辑运算,而在数值算法中则含有丰富的算术运算。

7.1.2 程序设计语言和传统程序设计方法的局限性

程序(Program)是伴随着电子计算机的诞生而出现的。它的本质是一连串的机器代码。这些机器代码指挥着计算机硬件完成各种复杂的运算。起初的程序就是由二进制代码组成的机器语言,它直接控制着计算机硬件。正是由于这种特性,这类程序的设计语言被称为"低级语言"。但是人们要掌握低级语言不是一件容易的事,因为机器代码不仅繁复冗长,非常不利于记忆和掌握,而且不同计算机硬件的机器代码是不一样的。为了解决这对矛盾,人们又发明了一类被称为"高级语言"的程序设计语言。这类程序设计语言包括了现在流行的 Basic、FORTRAN、Pascal、C 等。它们都有一个共同的特点就是语句、语法与人类语言类似,非常直观简捷,便于学习与掌握。当然"高级语言"的缺点也是明显的:用这类语言编写的程序必须通过自身的编译系统转化成计算机可以读懂的机器代码。正因为这种转换,由"高级语言"产生的机器代码执行效率一般而言比"低级语言"要低。但是,"高级语言"的易掌握性和良好的可维护性(即程序易于调试与修改的程度)大大弥补了这方面的不足[3]。

与程序设计语言同步发展的是程序设计思想。从 20 世纪 60 年代末开始,计算机软件的作用已得到普遍重视,然而,因为硬件成本和上机运行费很高,程序的主要目标是力求编写出短小的代码以使运行速度更快。最初的程序设计采用的是面向过程的方法,即针对某一分析对象,通过流程、顺序实现之。面向过程的程序设计要求程序设计人员编写和熟悉程序内部的各个细节,编程方式好比以往的小农经济,每项生活和生产资料都靠自己制作生产。如果将一个大的计算机源程序作为整体来编写,工作会十分复杂和繁重。后来,人们逐渐认识到任何程序的功能都可以分解并逐步求精,于是就产生了结构化的程序设计思想。结构化设计认为:

$$程序=(数据结构)+(算法)$$

即算法与数据结构是相对独立的,两者分开设计,以算法为主,通过函数调用来处理数据。结构化的程序设计往往将一个分析对象按功能划分成若干小的模块,由功能模块来实现具体的细节,各个模块采用不同的方案,这样,就可以使各个模块之间保持相对的独立性,以便不同的人可以同时各自编写一个模块,最终通过功能调用完成分析过程。结构化程序设计的分工与合作体现了社会化大生产的精神,成功地为处理复杂问题提供了有力的手段。

虽然程序设计结构化在一定程度上提高了程序开发的效率和可维护性,但是对于程序的可重用性、可扩充性方面的提高仍然不大,这主要是两方面的原因造成的。首先,结构化方法采用了"面向任务"的指导思想,要在针对某一特定任务设计的程序中增加新的"任务"的话,程序的修改会涉及原有程序的方方面面,从而造成程序开发效率低下;其次,结构化程序中数据与功能模块相分离,程序在增加新功能的同时,要添加新的数据结构,模块的功能越强,数据量越大,两者的协调关系就越复杂。针对于某一问题的数据结构,因其特殊性,一般很难不作修改就用于相近的问题。数据与模块相分离也使得模块的功能限制在较小的范围内,程序员只能用一些小的零部件进行程序装配,虽然避免了对每个零部件制造过程的了解,但需要关心的程序结构层面相对还是较低的,这就要求程序员在整个程序的各个方面都是比较专业的。

到了 20 世纪 80 年代末,随着软件系统规模的扩大和复杂性的增加以及软件开销(开发时所耗费的人力、物力和运行时占用的硬件资源及运算时间)的增加,软件系统的可靠性和可维护性明显降低了。程序员在维护程序时,需要对其作适当的修改,使得这些模块的组成结构显得极为重要。在运行维护过程中,往往希望程序可以实现更为理想的功能,或者希望利用一下操作系统的新特性,或者希望检验程序的某项功能。如果组成应用程序的各个模块间不能保证相对独立的话,程序员在维护时可能要改动几个模块,而这些改动就很可能引起其他更多的模块要作出相应的改动,新的改动又会引起必要的相应改动,依此类推,如果这样的话,软件的维护工作简直无法进行。

面向过程的语言在软件开发和维护上的费用急剧上升,而计算机硬件和运行的成本快速下降,程序设计的目标也发生了变化。在程序正确的前提下,可读性、易维护、可移植是程序设计首要的目标。鉴于此,我们必须开发新的程序设计方法。从而产生并发展了面向对象的程序设计方法。

而有限元技术是一种数值计算方法,它是力学、计算方法和计算机技术相结合的产物,有自己的理论基础和解决方法。由于有限元法在解决工程技术问题时的灵活性、快速性及有效性,是工程界应用最为广泛的数值分析方法之一。这个方法在 20 世纪中叶首次应用以来,得到了充分的发展和应用。特别是个人计算机(Personal Computer)的普及,使得计算机硬件的费用大大降低;同时,计算机的运算速度也日益提高,越来越多的有限元程序可以在个人计算机上解决各种复杂的工程问题。有限元方法发展到今天,产生了大量的商业软件,通常都具有解决各种问题的能力和完善的前处理、后处理功能,如 ANSYS,MARC 等。这些大型商业化程序的功能非常强大,但也不可避免存在一些缺点,即因注重通用性而不能(或不方便)解决某些特殊领域的应用问题,而且使用起来既笨重又不方便,仅初步精通一个大型商用软件就需要花费数月的时间。

建立一个完整的有限元分析系统是一项庞大的工程,传统的面向过程编程方法下的有限元程序都是采用结构化的编程语言(如 FORTRAN、C 语言等)来实现,而且需要大量的过程代码,从而导致有限元软件拥有一个复杂而庞大的数据结构,不易被管理和访问。这种全局性的数据结构大大降低了程序的灵活性,使得维护和旧版本升级变得愈加困难。传统的结构化有限元的主要缺点有:① 难重用。要想重新利用某程序,修改或者扩充代码需要开发者非常熟悉该程序的整个数据结构,有时甚至会导致程序的全盘改动;对于那些由十几万甚至几十万行原代码的程序而言,只有少数专业人员才能有勇气和时间读懂和使用。② 难移植。从其他源程序获得代码重用的能力有限,这是因为各个程序之间的数据结构变化非常剧烈,结果从别的源程序引进的代码经常需要更改以适应当前程序的数据结构。③ 难排错。即使对程序进行微小的改动,尤其是数据结构的改动,就会影响到整个程序,因而大大增加了程序排错的难度;对于上万行甚至几十万行的程序,某个很小的改动,都有可能造成整个系统的崩溃。这就是如今许多现成的有限元程序多被束之高阁,程序开发者宁愿自己重写程序也不愿意读或者修改他人已有的程序代码的原因。

面向对象有限元是面向对象程序设计方法与有限元技术相结合的产物。利用面向对象的方法来研究有限元,是对有限元新方法有益的尝试和创新性发展,必将大大地改进有限元软件的性能,提高有限元软件的开发效率。由于面向对象方法的数据抽象和封装、继承与重载、多态等技术和面向对象的程序由于类与类之间的强内聚性和低耦合性,可以在相当程度上避免上述的传统的面向过程的结构化有限元软件的难重用、难移植、难排错等情况的发生,这对构造大系统是很有好处的。

面向对象有限元方法(OOFEM)的研究始于 20 世纪 80 年代后期。它是一门初露端倪的科学。在国际上,1989 年 Rehak 和 Baugh 提出了有限元程序设计的新技术——面向对象的方法[2],并且从知识工程的角度研究了这种方法,建立了有限元分析的一个类库。1988 年 Peskin 和 Russo 用面向对象方法设计了三个基本类:Problem、Domain 和 Equation[4]。Miller(1988),Forde,Foschi 和 Stiemer(1990)研究了面向对象有限元程序的原型[5,6]。Forde 等的原型把对象分成节点、单元、边界位移、材料、形函数、元素及元素组等,每一种对象都有独立处理数据的能力,并建立了向量类和矩阵类。对象的组织结构采用链表结构,计算中采用的链表主要有对象链表、材料链表、节点链表、边界位移链表、边界力链表和元素组链表。Forde 等还对面向对象的有限元方法和传统的有限元方法做了比较。1990 年 Fenves 在面向对象有限元程序设计的复杂算法方面研究了用面向对象的概念来对节点重新编号的方法[7],指出了面向对象的程序设计在开发工程软件方面的优点,即它的数据抽象技术具有很大的灵活性,程序模块化程度高,代码的重用性强。1992 年 Mackie 提出了扩展的有限元对象[8],并且指出:面向对象的方法在有限元问题的应用中,可以提高有限元程序的模块化程度,减少错误的产生,并使程序设计的思路更为清晰化。Zimmermann,Dubois-Pèlerin 和 Bomme(1992—1993)研究了面向对象有限元编程的控制规则,并用 Smalltalk 语言编制了面向对象有限元程序的原型和利用 C＋＋语言实施的提高计算效率的原型[9,10]。1994 年,Ju 和 Hosain 运用面向对象的概念来设计有限元的子结构[11]。Mackie 运用对象的概念开发了一个可以表述有限元数学方法的系统[12],这个系统使得矩阵、方程组可以由继承得到。上述的一系列相关研究成果使世人逐渐认识到面向对象的方法设计有限元程序相对于传统的面向过程的有限元程序有着许多优势,并催生了一些能够进入实际应用的面向对象有限元程序。1994 年,Rihaczek 等人提供了一个用 OOFEM 解决热传导问题的实例[13],作者提出用一个 Assemblage 类来联接有限元模型类和分析类,两者之间通过该类相互作用和进行数据传递。该类还负责单元和节点之间拓扑关系的建立、荷载和约束的处理等等。1995 年 Meissner,Diaz 和 Schönenborn 运用 OOFEM 对一个三维岩土工程问题进行了分析[14]。1995 年,Werner,Mackert 和 Stark 研究了在隧道工程中如何用面向对象的模型来设计与分析问题[15]。

在国内,面向对象有限元的研究工作跟进比较早,其中西南交通大学做的工作比较深入和具体。崔俊芝、梁俊等简要介绍了面向对象有限元的基本概念,并通过面向对象分析和设计提出了一些类,如形状函数类、高斯类和元素类等,对象的组织也建议采用链表结构[16]。周本宽等指出"与传统的有限元程序(通常采用 FORTRAN)相比,面向对象有限元程序更加结构化、更易于编写、更易于维护和扩充,程序代码的可重用成分更大,它为开发大型有限元分析软件提供了一条新途径",同时在着重提出了普通有限元程序当中类设计的一种新思路[17]。除此之外,这篇文献当中设计了一套较为完善的有限元分析系统,其中包括节点类 Node、材料类 Material、载荷类 Load、高斯积分类 Gauss、形函数类 ShapeFun、单元类 Element 等等。周本宽等及其后曹中清[18,19]研究的都是线性静力学方面的 OOP 程序设计。李会平等[20]以曹中清的论文为基础结合弹塑性有限元分析基本步骤,运用面向对象基本特性继承了曹中清论文中的几个有限元类,形成了新的弹塑性有限元分析方法类。文中提供了一个可以扩充已有有限元类库的方法,体现了面向对象编程方法的巨大优越性。孔详安等对有限元计算中的一些数学对象给出了面向对象的分析,主要提出了事件类、几何形状类和物理特性类,派生新元素时需要从几何形状类和物理特性类多重继承,同时还指出利用面向对象的方法可以方便有限元的程序的编写并且有利于程序的维护和扩展[21-23]。

张向等[24]给出了一个面向对象的有限元程序设计的实例。作者给出了节点类、节点边界条件类、节点力类、节点数据类、材料类、形函数类和单元类的接口定义,并且还给出了一个简单的矩阵运算库。项阳等[25,26]给出了面向对象有限元方法在岩土工程中的应用给予了充分的肯定,并给出了类层次的划分,即将系统分为节点、单元、材料、荷载、约束条件、形函数和高斯点等类组成。最后给出了一个面向对象有限元方法在某工程基坑中的应用。陈健[27]提出了面向对象的三维有限元程序初步设计。作者将有限元分析分为描述有限元分析的整体数据的总体类和节点类以及单元类,并给出这三种类定义的具体接口定义。

面向对象有限元程序设计方法在国内已经成为一个研究热点,而且取得相当进展,公开发表了大量的科技文献,并且产生了一批优秀的硕士及博士学位论文[3,26-30]。我国研究工作者已经在该领域内做了不少贡献,与国际先进研究基本处于同一水平。

本章首先介绍面向对象程序设计的基本概念与基本原理,然后按照面向对象程序设计的基本过程,阐述作者所研制的纳入了无界单元,旨在用于模拟脆塑性岩石破坏后区力学特性的面向对象的岩土工程有限元程序。

7.2 面向对象方法的起源与发展

7.2.1 面向对象方法的起源[26]

面向对象(OO)的概念和思想由来已久,它起源于面向对象的编程语言。随着计算机应用日益普及,编程人员致力于研究和开发各种各样的高级语言,研究编程的构造、规范以及基本原理,以便更有效地编写各种应用程序,同时,也力求使编写、调试好的程序便于运行和维护。50 年代后期,在编写 FORTRAN 的大型程序中出现了变量名在不同的程序部分发生冲突的问题。因此,ALGOL 语言的设计者决定采用阻挡(Barriers)来隔开程序段中的变量名。这是在编程语言中首次采用保护(Protection)和封装(Encapsulation)的尝试。20 世纪 60 年代中期,Simula 语言的设计者采用了 ALGOL 的程序块概念,并加以推进,提出了对象(Object)的概念。虽然 Simula 源于 ALGOL,但它主要用于仿真,它的对象具有"自身独立存在"并能在仿真过程中以一定的含义彼此通信的特点。数据封装(Data Encapsulation)就是在这时开始使用的。

7.2.2 面向对象编程语言的发展

有人认为,可以将 Dahl 与 Nygard 在 1967 年推出的程序设计语言 Simula-67 作为面向对象的诞生标志。20 世纪 70 年代,随着对管理大型程序的迫切需要的增长,许多计算机语言设计者追求实现数据抽象的概念。Xerox Paloalt 公司开发的 Smalltalk 语言在系统设计中强调对象概念的统一,引入对象、对象类、方法、实例等概念和术语,采用动态联编和单继承机制。正是通过对它的研制与推广应用,使人们注意到面向对象方法所具有的模块化、信息封装与隐藏、抽象性、继承性等独到之处,这些优异特性为解决大型软件的管理问题,提高软件的可靠性、可重用性、可扩充性和易维护性提供了有效的手段与途径[26]。因此,面向对象真正的第一个里程碑应该是 1980 年 Smalltalk-80 的出现。Smalltalk-80 发展了 Simula-67 的对象和类的概念,并使用方法、消息、元类及协议等概念,所以又有人将 Smalltalk-80 称为第一个面向对象语言。20 世纪 80 年代中期以后,面向对象的程序设计语言广泛地应用于程序设计,出现了更多的面向对象的语言,但是最后使面向对象广泛流行的则是面向对象的程序设计语言 C++[30]。

近十几年来,由于一系列高技术项目的研究,如智能计算机、计算机集成制造系统、计算机辅助系统工程、办公信息系统等项目的研究,迫切要求进一步改进系统研究的方法、提高软件研究的质量。应用的需求促使这种方法迅猛向前发展,从面向对象的编程语言进一步迈向面向对象认知方法学、面向对象系统分析方法学和面向对象系统设计方法学[26]。

7.3　面向对象的程序设计方法的基本思想

7.3.1　面向对象认识方法学[30]

面向对象(Object-oriented)是一种试图模仿现实世界的方法,它遵循认识方法学的基本原理。面向对象的基本方法学认为:客观世界是由各种各样的对象(Object)组成的,每种对象都有各自的内部状态和运动规律,不同对象间的组合和相互作用构成了我们要分析的和构造的客观系统,构成了我们所面对的客观世界。面向对象吸取了结构化的基本思想和主要优点,将数据和操作放在一起,作为一相互依存、不可分割的整体来处理。面向对象综合了功能抽象和数据抽象,采用数据抽象和信息隐蔽技术,将问题求解看作是一个分类演绎过程。与结构化方法相比,面向对象更接近人们的认识事物和解决问题的过程和思维方法。当我们设计和实现一个客观系统时,如能在满足需求的条件下把系统设计成由一些不可变的(相对固定的)部分所组成的最小集合,则这个设计就是优秀的,而这些不可变的(相对固定的)部分就被看成是一些不同的对象。

面向对象的程序设计方法以数据结构为中心,但是又充分考虑到体现"过程"和"操作"的方便,例如,在某种类的数据结构的周围安排了各种有关的操作,这些操作既可以定义数据结构的语义,又可以表达对这些数据结构的操作。以往的过程性程序设计方法的主要缺点是不能直接地反映人们求解问题的方法和方式,因而产生了问题空间和方法空间在结构上的不一致。而面向对象的程序设计方法则是尽可能争取这两者在结构上的一致性。

面向对象的设计方法强调系统设计之前的系统分析,强调以系统中的数据或信息为主线,全面、系统、详尽地描述系统的信息,建立系统的信息模型,指导系统的设计。从某种程度上讲,它是数据驱动的系统分析和设计方法。

用计算机解决问题时需要用程序设计语言对问题的求解加以描述,实质上计算机软件是问题求解的一种表述形式。显然,如果软件能够直接地表现问题的求解方法,则软件不仅易于被人理解,而且易于维护和修改,从而提高了软件的可靠性和可维护性。此外,如果能按人们通常的思维方式来建立问题域的模型,则可以提高公共问题域中软件模块化和重复使用的可能性。面向对象的程序设计要求按人们通常的思维方式建立问题域的模型,设计应尽可能自然地表现求解方法。

7.3.2 面向对象的方法的编程思想

面向对象的编程方法(Object Oriented Programming)是大型软件系统开发技术取得的重大成就,代表了软件研制与开发的一个重要进展。它不仅仅是一种新的程序设计技术,而且是一种全新的设计和构造软件的思维方法。面向对象程序设计方法集数据抽象、抽象数据类型和类型继承为一体,使软件设计中人们普遍遵循的模块化、信息隐藏、抽象和代码共享等思想在面向对象机制下得以充分实现,从而成为一种强有力的软件设计模式;另外,面向对象的程序设计,由于程序具有封装性、继承性和多态性等优点,使得程序设计概念清楚,调试容易,代码的重利用率高,已成为现代程序设计的主要方法之一,广泛应用于屏幕界面、数据库、文件管理系统以及其他一些非数值计算领域。面向对象程序设计的编程思想认为:

对象＝数据结构＋算法

程序＝对象＋对象＋对象＋……

即数据结构和算法是一个整体,这个整体被称为对象。算法总是离不开数据结构的,它含有数据结构的访问方法,只能适用于不同的数据结构。

面向对象编程语言是解决应用程序的模块化及维护问题的有效技术。在面向对象语言编程中,各个模块以应用程序处理的对象(Objects)为基础,就像应用功能分解技术创建子模块一样。在功能分解中,各个子模块又以应用程序本身提供的函数为基础。

7.4 面向对象方法的基本概念

面向对象方法(Objected-Oriented)是当前软件方法学的主要方向,也是目前最有效、最实用和流行的软件开发方法之一。作为一种比较先进的程序设计方法,面向对象的程序设计有一些基本的概念和特征。

7.4.1　对象(Object)

1) 对象的定义

对象把客观世界的实体和计算机系统运行实体有机地结合在一起。对象是系统的基本成分,是具有特殊属性(数据)和行为方式(方法)的实体。从存储的角度来看,对象拥有一块存储区,其中既有数据,又有方法。对象能够执行预先定义的功能,比如存储信息、执行某个动作、对其他对象进行操作等等。具体来说,对象应有唯一的名称、有一组状态(用公共数据与私有数据等表示)、有表示对象行为的一组公共与私有操作。可表示为:

$$程序＝数据结构＋算法$$

对象也可以看成是一种新的变量。但是这种变量是任意型的,而不像传统的数据类型,如整型(INT)、实型(REAL or float)等等。对象包括属性(Attributes)和方法(Methods)。在面向对象的有限元中,对象的范围相当广,可以包括节点对象、单元对象、网格对象等等。

2) 对象的状态

对象的状态是指对象在某一时刻其数据属性所具有的值。严格地说,对象的状态是指对象的数据属性所有可能值的集合。

一个对象之所以能够独立存在,是因为它具有自身的状态,即自身具有的特征。这些特征是它为外界服务的基础,使其能够对其自身和对外界对象施加作用(操作)。对象占有存储空间,如数字、数组、字符串和记录。

3) 对象的特征

在面向对象系统中,对象是构成和支撑整个软件系统的最重要、最基础的细胞和基石。每定义一个对象,就增加了一个新的抽象数据类型。对象具有如下特征:

(1) 模块性

一个模块是一个可以独立存在的实体。从外部看这个模块,只了解它具有哪些功能,至于这个模块的内部状态以及实现这些功能的细节都是"隐蔽"在模块内部的。一个模块的内部不受或很少受到外界的影响。同时,一个模块的内部状态的改变也不会影响到其他模块的内部状态。因此,各个模块之间的依赖性很少,各个模块也才有可能较为独立地被各个系统选用。

(2) 继承性和类比性

每个具体对象都在它所属的某一类对象的层次结构中占据一定的位置。下一层次的对象具有上一层次对象的某些属性,称做下一层次的对象继承了上一层次的对象的某些属性。另一方面,人们把一些具有某些相同属性的不同对象常常归并成一个类(Class),称做通过对象间的类比而实现了归类。

（3）动态链接性

由于存在各式各样的对象以及它们之间的相互连接和作用,从而构成了各种不同的系统。在面向对象系统中,通过消息的激活机制,把对象之间的动态联系连接在一起,使整个机体运转起来。我们把对象和对象之间所具有的一种统一、方便、动态的链接和传递消息的能力与机制称为动态链接性。

（4）易维护性

任何一个对象都把如何实现本对象功能的细节隐藏在该对象的内部。因此,无论是完善本对象的功能,还是改正功能实现的细节,都被囿于该对象的内部,而不会传播给外部,这就增强了对象和整个系统的易维护性。

7.4.2 消息与方法

1）消息

消息是面向对象的一个基本机制,用来请求对象执行某一处理或回答某些信息的要求,是连接对象的纽带。消息统一了数据流和控制流。程序的执行是靠在对象中传递消息来完成了。在面向对象系统中,对象间的联系只能通过传递消息进行。对象只有在接到消息后,才被激活。被激活后的对象代码"知道"如何去操作它的私有数据去完成该消息所要求的功能。

消息具有如下几个性质:① 同一对象可以接收不同形式的消息,产生不同响应;② 一条消息可以发送给不同的对象,消息的解释完全由接收对象完成,不同对象对相同形式的消息可以有不同的解释;③ 与传统程序的调用/返回所不同的是,对传来的消息,对象可以返回相应的回答信息,也可以不返回,即消息的响应并不是必须的。

在面向对象系统中有两类消息,即公有消息和私有消息[31]。如果有一批消息属于同一对象,其中有一部分是由外界对象直接向它发送的,则称之为公有消息;还有一部分则是它自身向它本身发送的,称为私有消息。私有消息不对外开放,外界不必了解它们。外界对象只能向该对象发送公有的消息,而不能发送私有消息。

2）方法

把所有对象分成各种对象类,每个对象类都定义一种所谓的"方法",方法是指允许作用于该类对象上的各种操作。

3）消息模式与方法

消息的形式用消息模式(message pattern)刻画。一个消息模式定义了一类消息。例如,定义"+一个整数"是实体"100"的一个消息模式,那么,"+20""+30"
等都是属于该消息模式的消息。

对同一消息模式的不同消息,同一对象所做的解释和处理都是相同的,只是处
理结果可能不同。所以,对象应定义一组消息模式和相应的处理方法。消息模式
不仅定义了对象接口所能受理的消息,而且还定义了对象的固有处理能力。使用
对象只需了解它的消息模式。所以对象具有极强的"黑盒"特性。对象的这些消息
模式的处理能力即所谓的"方法"(Method),方法是实现消息的具体功能的手段。
在 C++中方法称为成员函数。

7.4.3　数据抽象(Data Abstraction)

数据抽象是指从较特殊的类或对象中抽出一般属性以建立一个超类(Super
Class)的过程。在这个过程中,我们研究目标程序要解决的问题和组成该问题的
概念性的实体,并在不同的层次上进行抽象。数据抽象是面向对象程序设计的一
个基本特征,类是对一些概念和问题进行抽象的结果,对象是这些类的实例。

7.4.4　类与对象

1) 类

类是对一组对象的抽象,它将该种对象所具有的共同特征(包括操作特征和存
储特征)集中起来,由该种对象所共享,形成一个具有特定功能的模块和一种代码
共享的手段。类是一种定义,而对象是类的实例[32]。类的描述包括三个部分:类
名、实例可访问的变量名和实例可以使用的方法。

2) 对象

对象是类的元素或者说实例(Instance)。对象是在执行过程中由其所属的类
动态生成,一个类可以生成若干个不同的对象。这些对象具有相同的外部特性和
内部实现,但可以具有不同的内部状态,而且对象的内部状态只能由其自身改变,
任何别的对象都不能改变它。同一类的实例具有如下特点:相同的操作集合、相同
的属性集合和不同的对象名。

3) 两种眼光认识类

每一个软件开发者的程序所涉及的东西(类)会很多。其中大部分东西(类)都
是现成的,只管拿来使用,而不用去管类的内部是怎样运作的,因为别的软件开发
者会保证所使用的类是正常运转的。这就是一种"使用者"的眼光。而少部分类是
自己创造的,需要花很多功夫来分析数据结构和算法的关系,拿出实施方案,然后
编程、调试等等,必须保证别的软件开发者在使用类的时候不会出错,而且用得方

便、放心,这就是一种"开发者"的眼光。现代软件规模呈现一种级数化增大的趋势。每位程序开发者不可能是全才,只有尽可能充分的运用他人已有的成果,然后开发自己专长领域内的成果供别人使用,软件工程才有可能不断发展壮大。

7.5　面向对象程序设计方法的主要特征

封装性、继承性和多态性并称面向对象设计的三大特征。这三大特征是相互关联的,其中封装性是基础,继承性是关键,多态性是补充,而多态性又必须存在于继承的环境之中[33]。

7.5.1　封装性

封装又称数据隐藏,就是将方法和数据放在同一对象中,使得对数据的存取只能通过该对象本身的方法来实现,程序的其他部分不能直接作用于此数据。用户只能见到对象封装界面上的信息,对象内部对用户是隐蔽的。其目的在于将对象的使用者和对象的设计者分开,使用者不必知道行为实现的细节,只需用设计者提供的消息来访问该对象。这一特性大大地降低了模块间的耦合性,从而提高了程序的可靠性,尽可能地排除了对数据进行任意访问造成的隐患。

另外,封装本身体现了模块性,把定义模块与实现模块分开,使软件的可维护性、可修改性大为改善。

7.5.2　继承性

继承性就是指一个类可以继承其父类的所有数据和成员函数,同时又可以定义自己的数据和成员函数,也就是说,子类可以完成父类的所有功能。这使得编程工作大为减轻。因为我们可以使用某类来完成一些普通的工作,而用特定的类来完成特定的工作。

有继承关系的类之间具有下列几个特征:① 类之间具有共享特征(包括数据和程序代码的共享);② 细微的差别或新增部分(包括非共享的程序代码和数据);③ 类之间具有层次关系。

继承有助于开发快速原形,有助于实现从可重用成分构造软件系统,还有助于促进系统的可扩充性。

根据不同的标准,继承可分为不同的类型。从继承源上可分为单继承和多继承,从内容上可分为取代继承、包含继承、受限继承和特化继承等。单继承是指每个类只继承一个基类的特性。多继承则是指在派生类中继承了不止一个基类的属性。

　　继承性与封装性都是一种代码共享的手段。继承是一种静态共享代码的手段,通过派生类对象的创建,可以接受某一消息启动其基类所定义的代码段,从而是基类和派生类共享了这一段代码。封装机制所提供的是一种动态共享代码的手段。通过封装,可以将一段代码定义在一个类中,在另一个类所定义的操作中,可以通过创建该类的实例,并向它发送消息而启动这一段代码,同样也达到了共享的目的。

7.5.3　多态性与动态聚束

　　多态性是指同一消息被不同的对象接收后解释为不同含义的能力。由于这种特性,不同的对象接收到用户统一发送的消息就完成不同的工作。

　　多态性具有静态类型和动态类型。动态类型可以在程序执行期间在实例之间进行变化。静态类型是在程序上下文中由实体说明决定的。

　　动态聚束(Dynamic binding)是指一个程序经编译、连接成为可运行的目标码,就是将执行代码聚束(binding)在一起。传统程序设计语言编写的程序在运行之前聚束,称为静态聚束;面向对象的语言常常使用动态聚束,其聚束过程与静态聚束的过程相同,不同的是程序正在运行时才发生聚束。

7.5.4　面向对象方法与结构化方法在概念上的区别

　　结构化方法的基本思想可以概括为:自顶向下、逐步求精;采用模块化技术、分而治之的方法,将系统按功能分解成若干模块;模块内部由顺序、分支、循环基本控制结构组成;应用子程序实现模块化。

　　由于结构化方法将过程和数据分离为相互独立的实体,程序员在编程时,需考虑所要处理的数据格式。对于不同的数据格式做同样的处理或对相同的数据格式做不同的处理都需要编写不同的程序。所以结构化程序的可重用性不好。另一方面,当数据与过程相互独立时,总存在错误的数据调用正确的程序模块或用正确的数据调用错误的程序模块的可能性。面向对象方法能很好地解决数据与程序的相容性。

　　面向对象方法与结构化方法在概念上主要区别如下:

　　1) 模块与对象

　　结构化方法中模块是对功能的抽象,每个模块是一个处理单位,它有输入和输出。而面向对象方法的对象也具有模块性,但它是包含数据和操作的整体,是对数据和功能的抽象和统一。所以,可以说对象包含了模块的概念。

2) 过程调用与消息传递

在结构化设计中,过程是一个独立的实体,显式地为其使用者所见。而在面向对象程序设计中,方法是隶属于对象的,是对象功能的体现,是不能独立存在的实体。

3) 类型和类

类型和类都是对数据和操作的抽象,即定义了一组具有共同特征的数据和可以作用于其上的一组操作。但是,类型仍然是偏重于操作抽象,类则集成了数据抽象和操作抽象,二者缺一不可。此外,类引入了继承机制,实现了可扩充性。

4) 静态链接和动态链接

在面向对象系统中,通过消息的激活机制,把对象之间的动态联系连接在一起,使整个机制运行起来,实现系统的动态链接。

7.6 面向对象程序设计的基本过程

7.6.1 面向对象软件方法的基本原则

面向对象软件方法的基本原则是:按人们通常的思维方式建立问题空间的模型,设计尽可能自然地表现求解方法的软件。为此,必须直接建立组成问题空间的事物及其相互关系的概念,必须建立适应人们一般思维方式的描述范式。

在面向对象的方法中,对象(Object)和消息传递(Message Passing)分别表示事物及事物间的相互联系;类(Class)和继承(Inheritance)是适应人们一般思维方式的描述范式;方法(Method)表示作用于对象上的各种操作;对象和类的基本特性在于对象的封装(Encapsulation)和继承性,通过封装提高了对象的独立性和信息的隐蔽性;通过继承体现了类与类之间的关系。

7.6.2 面向对象的软件开发模式

分析、设计和实现是软件开发过程的三个重要的组成部分。分析(Analysis)是定义问题所在以及确定对解决方案的限制条件的过程;设计(Design)是根据分析中得到的问题,建立处理该问题的各部分程序构架的过程;实现(Implementation)是根据设计的方案,生产软件产品的过程。实现包括编码、修改调试、测试、发行产品以及对产品支持等等过程。传统的面向过程的或者结构化的软件开发模式是瀑布式的,而面向对象的软件开发模式是递增式的。

1) 瀑布式软件开发模式

图7.1显示的是包含着三个部分的瀑布式软件开发过程。这种方法的优点是

阶段性很好,缺点是对于开发的每一个阶段都没有对上一级阶段的反馈信息,一旦进入下一阶段,以前各阶段完成的工作就无法修改。

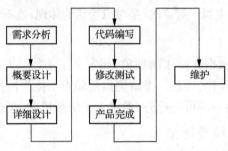

图 7.1 瀑布式软件开发模式

2) 递增式软件开发模式

这种模式将软件的开发看成一个逐步递增的过程。首先从分析开始,然后在分析的基础上进行设计,最后在设计的基础上进行实现。在分析完成的设计阶段,如果发现了无法解决的问题,总是可以回到分析阶段进行深入的分析,寻求解决方案。同样,如果在实现阶段发现已有的设计和分析无法满足现在的要求时,可以回到前两个阶段进行必要的修订。图 7.2 表明了这种模式。

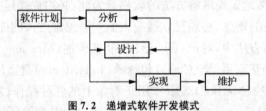

图 7.2 递增式软件开发模式

面向对象的软件开发过程是一种迭代、渐增式的开发过程,每个阶段都可以相互返回,进行必要的修订和调整。

7.6.3 面向对象的程序设计的基本过程

由图 7.2 可以看出,应用面向对象的程序设计思想进行程序设计时,大致上要完成三部分的内容:

(1)面向对象的分析(OOA-Object Oriented Analysis)。它的任务是了解问题域内该问题所涉及的对象、对象间的关系和作用(即操作),然后构造该问题的对象模型,力争这个模型能真实地反映出所要解决的实质问题。这一过程中,抽象是最本质、最重要的方法。针对不同的问题性质选择不同的抽象层次,过简和过繁都会影响到对问题本质属性的了解和解决。

（2）面向对象的设计（OOD-Object Oriented Design）。即设计软件的对象模型。根据所应用的面向对象软件开发环境的功能强弱不等，在对问题的对象模型进行分析的基础上，可能要对它进行一定的改造，但应以最少改变原问题域内的对象模型为原则。然后就在软件系统内设计各个对象、对象间的关系（如层次关系、继承关系等）、对象间的通信方式（如消息模式）等，总之是设计各个对象"应做些什么"。该时期的任务还包括对象/类的关系和层次的具体化，确定方法（服务）和函数的实现算法等。

（3）面向对象的实现（OOI-Object Oriented Implementation）。所谓实现是指软件功能的实现，是在设计的基础上进行编码、测试、集成组装的迭代过程。对于每一个类，要确保得到所有需要的成员函数。当需要考虑是否有其他更好的方法的时候，可以试验一些快速的原型（Prototype）。原型的特点是容易实现，便于测试。它有可能成为软件的最终部分，也有可能完成任务之后被丢掉。

编写代码、程序检查、功能测试以及代码调试是实现阶段的四个重要步骤。之后，就可以初步提交软件。然而，提交软件产品并不是实现阶段的终结。通常软件需要增加新的功能或者填补新发现的缺陷，这个阶段是软件的维护阶段。维护也是软件开发过程中实现阶段的一个重要的、而且是不可避免的工作。总之是实现在面向对象的设计阶段所规定的各个对象应完成的任务。实现阶段的结果也要反馈到分析与设计阶段。

在一个系统中有机地贯彻、实现一个完整的面向对象的程序设计环境时，还必须考虑到以上三个阶段的衔接关系及其他一些支撑工具。不同的系统可以采用不同的方案和规范。

7.7　面向对象有限元程序设计

7.7.1　面向对象有限元分析

有限元技术是一种数值计算方法，它是力学、计算方法和计算机技术相结合的产物，有自己的理论基础和解决方法。由于有限元法在解决工程技术问题时的灵活性、快速性及有效性，是工程界应用最为广泛的数值分析方法之一。这个方法在20世纪中叶首次应用以来，得到了充分的发展和应用。特别是近十几年来，个人计算机（Personal Computer）的普及，使得计算机硬件的费用大大降低；同时，计算机的运算速度也日益提高，越来越多的有限元程序可以在个人计算机上解决各种复杂的工程问题。有限元方法发展到今天，产生了大量的商业软件，通常都具有解决各种问题的能力和完善的前处理、后处理功能，如 ANSYS、MARC 等。这些大型商业化程序的功能非常强大,但也不可避免存在一些缺点,即因注重通用性而不能(或不方便)解决某些特殊领域的应用问题,而且使用起来既笨重又不方便,仅初步精通一个大型商用软件就需要花费数月的时间。

建立一个完整的有限元分析系统是一项庞大的工程,传统的面向过程编程方法下的有限元程序都是采用结构化的编程语言(如 FORTRAN、C 语言等)来实现,而且需要大量的过程代码,从而导致有限元软件拥有一个复杂而庞大的数据结构,不易被管理和访问。这种全局性的数据结构大大降低了程序的灵活性,使得维护和旧版本升级变得愈加困难。传统的结构化有限元的主要缺点有:① 难重用。要想重新利用某程序,修改或者扩充代码需要开发者非常熟悉该程序的整个数据结构,有时甚至会导致程序的全盘改动;对于那些由十几万甚至几十万行原代码的程序而言,只有少数专业人员才能有勇气和时间读懂和使用。② 难移植。从其他源程序获得代码重用的能力有限,这是因为各个程序之间的数据结构变化非常剧烈,结果从别的源程序引进的代码经常需要更改以适应当前程序的数据结构。③ 难排错。即使对程序进行微小的改动,尤其是数据结构的改动,就会影响到整个程序,因而大大增加了程序排错的难度;对于上万行甚至几十万行的程序,某个很小的改动,都有可能造成整个系统的崩溃。这就是如今许多现成的有限元程序多被束之高阁,程序开发者宁愿自己重写程序也不愿意读或者修改他人已有的程序代码的原因。

面向对象有限元是面向对象程序设计方法与有限元技术相结合的产物。利用面向对象的方法来研究有限元,是对有限元新方法有益的尝试和创新性发展,必将大大地改进有限元软件的性能,提高有限元软件的开发效率。由于面向对象方法的数据抽象和封装、继承与重载、多态等技术和面向对象的程序由于类与类之间的强内聚性和低耦合性,可以在相当程度上避免上述的传统的面向过程的结构化有限元软件的难重用、难移植、难排错等情况的发生,这对构造大系统是很有好处的。

用面向对象的程序设计方法开发软件系统时,整个系统是由一个个的对象构成的。因此,在进行面向对象的程序设计时,首先要识别出系统中涉及的对象并分析这些对象间的相互关系。有限元面向对象分析的目的是找出描述有限元方法的对象类以及对象类之间的关系,这就需要从分析有限元的求解过程入手。

有限元方法以变分原理、连续体剖分与分片插值为理论基础,将连续的求解域离散为一组有限个、且按一定方式相互联结在一起的单元的组合体[34]。其一般方法是:① 把连续体分成有限个部分,每个部分的性态由有限个参数所规定;② 求解作为单元的集合体的整个系统,此时其单元所遵循的是标准的离散体问题。

一个完整的有限元分析过程,大致可划分为七个步骤,即:① 将分析区域离散化;② 构造插值函数;③ 形成单元刚度矩阵;④ 单元刚度矩阵组装,形成系统总体方程;⑤ 引入边界条件;⑥ 求解有限元系统方程组,得到节点自由度;⑦ 进行其余辅助计算。

通常,一个完整的有限元分析由前处理模块、有限元计算模块和后处理模块三部分组成。上述分析步骤中,第一步通常由分析人员借助前处理来完成,而第七步主要由完善的后处理程序完成,其余各个步骤由有限元计算模块完成。

一个有限元计算涉及的数据类型多,数据量大而杂。按照有限元的分析方法,在不考虑前处理和后处理过程的情况下(即我们假定这 3 个模块间的数据是以文件方式交换的),有限元分析的主要数据可以划分为:① 描述有限元分析的整体数据,如单元总数、节点总数、问题的维数、材料种类数、问题类型指示数、屈服准则指示数、收敛容差等;② 单元数据,包括单元类型、单元材料号、单元包含的节点号、刚度矩阵、高斯积分点维数等;③ 节点数据,包括节点坐标、节点自由度、节点力、节点位移、节点约束等;④ 高斯积分点数据,包括高斯积分点坐标、高斯积分点应力、高斯积分点应变等;⑤ 材料数据,包括弹模、泊松比等材料的各个力学指标。

按照上面的面向对象有限元程序分析,一个完整的面向对象有限元的分析程序应该设计的类主要有:① 有限元整体类和相关的方法;② 单元数据类和相关的方法;③ 节点数据和相关的方法;④ 高斯积分点数据相关方法;⑤ 材料数据类和方法等。

另外,作为用 Visual C++开发的程序,视图类和文档类是必不可少的。MFC的视图文档结构使软件的设计更为方便,让程序开发者可以把精力集中到面向对象有限元的部分。下面具体阐述各个类的具体设计。

7.7.2　面向对象有限元设计

面向对象有限元设计即设计面向对象有限元软件的对象模型。在对面向对象有限元的对象模型进行分析的基础上,可能要对它进行一定的改造。然后就在软件系统内设计各个对象、对象间的关系(如层次关系、继承关系等)、对象间的通信方式(如消息模式)等。

现实世界中的实体是相互关联的,同样作为实体在计算机中的映射的对象之间也是相互关联的。在有限元对象模型中,对象之间的关系非常复杂。例如,一个单元包含有几个节点,一个节点也可以出现在几个单元中。本书中面向对象有限元软件中类的关系如图 7.3 所示。

有限元分析包含较多的基本元素对象,进行有限元分析的面向对象构建时,需要考虑到类对象的管理问题,例如节点、单元、材料等有限元基本元素类对象的存储、查询、调用、增减等管理问题。利用 MFC(Microsoft Foundation Class)的阵列管理类(CObArray Class)可以较好地解决有限元基本元素类对象的管理问题。使

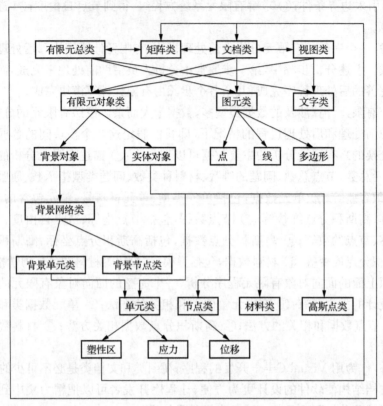

图 7.3　类的关系图

用 CObArray 类的好处是避免了自行编制容器类的编程复杂性,也使得有限元基本元素类对象的管理更加可靠。能够利用 CObArray 类实现有限元基本元素的管理也说明了使用面向对象方法的好处,即编程的封装性和可重用性。

　　另外,有限元程序中大量使用整型数组、经常遇到矩阵代数运算且总体刚度矩阵具有对称性、稀疏性、呈带形分布等特点。MATLAB 提供了 C/C++数学库,其中的 C++数学库功能很强,使用它可以节省大量的程序编制工作量,而且可以使程序十分简洁。

　　1) 有限元整体类(COOFEM)设计

　　有限元整体类负责有限元计算的控制,而不是整个程序的控制。整个程序的控制是基于消息循环,采用文档/视图框架。有限元整体类包括有限元分析的整体数据,如单元总数、节点总数、问题的维数、材料种类数、问题类型指示数、屈服准则指示数、收敛容差等成员变量以及形成整体的刚度矩阵、形成整体载荷列阵、处理边界条件和求解有限元的系统方程组等方法(成员函数)。有限元整体类的声明如

表 7.1 所示。

表 7.1 有限元整体类的声明

Class COOFEM

属性(成员变量)	成员类型	性质	任务
ProbTyp	int	private	问题类型指示
Crition	int	private	屈服准则指示
MaxIteration	int	private	迭代次数限值
NumOfNodes	int	private	节点总数
NumOfElements	int	private	单元总数
NumOfMaterials	int	private	材料总数
NumOfSteps	int	private	施工步总数
NDisp0	int	private	指定位移约束的节点数
m_pNDisp0NodesNumber	int *	private	指定位移约束的节点号
LargeNumber	double	private	大数,用来处理位移约束
TOLER	double	private	迭代计算中的收敛容差
m_scope	double *	private	分析区域边界坐标极值
m_bThreeDimesion	BOOL	private	是否为三维问题
m_bGravity	BOOL	private	是否考虑重力作用
m_bComputer	BOOL	private	是否已进行计算
m_bDisplacementList	BOOL	private	是否已列出位移结果
m_Arr_materials	CObArray	private	材料对象数组
m_Arr_elements	CObArray	private	单元对象数组
m_Arr_nodes	CObArray	private	节点对象数组
m_mwA_Force	mwArray	private	总体载荷向量
m_mwA_StepForce	mwArray	private	分步载荷向量
m_mwA_StepDisplacement	mwArray	private	分步位移向量
m_mwA_TotalDisplacement	mwArray	private	总体位移向量
m_mwA_GeneralRigidityMatrix	mwArray	private	整体刚度矩阵
方法(成员函数)	**返回类型**	**性质**	**任务**
ComputerScope()	void	public	计算分析区域的边界
Focus()	void	public	处理集中力
Distribution()	void	public	处理分步力
Gravity()	void	public	处理重力

Class COOFEM

方法(成员函数)	返回类型	性质	任务
Seepage()	void	public	处理渗流
FormGeneralRigidityMatrix()	void	public	形成整体刚度矩阵
StoreGeneralRigidityMatrix()	void	public	存储整体刚度矩阵
FormGeneralForceMatrix()	void	public	形成整体载荷列阵
DealWithCondition()	void	public	处理边界条件
Excavate()	void	public	处理开挖
Fill()	void	public	处理回填
Solution()	void	public	按问题类型选择求解器
DirectMatrixSolver()	void	public	稀疏矩阵直接求解器
Residual()	void	public	计算残余力
BrittleStressDrop()	void	public	计算应力脆性跌落
ComputerForceModul(mwArray&.)	void	public	计算载荷向量的2范数
JudgeConvergence(int&.)	void	public	判断迭代过程是否收敛
JudgeDamageType()	void	public	判断破坏类型
RecordDisplacement(int)	void	public	存储位移信息
RecordStress(int)	void	public	存储应力信息

2) 单元数据类(CElement)设计

一般有限元分析的过程都是从单元分析开始的。有限元计算的目的就是要把整个区域离散化,把计算转化到单元上来完成。在岩土工程面向对象有限元分析程序既有面向对象的特点,也有其自身的特点。在岩土工程中,通常可使用3节点、4节点和8节点平面单元和四面体、三棱柱、六面体等三维实体单元;另外,由于岩土工程中众多的地质和技术因素的模糊性、不确定性及复杂性,需要考虑开挖、支护、回填等施工技术;由于软弱结构面、节理、锚杆、锚索等的存在,需要考虑设计节理单元、锚杆单元、锚索单元等特殊单元;由于所分析的问题经常涉及到无限域或半无限域,需要考虑设计无界单元和无界节理单元。对不同的单元类型进行数据抽象,形成单元基类,不同单元类型是单元基类的派生。各种单元之间的继承与派生关系如图7.4所示。

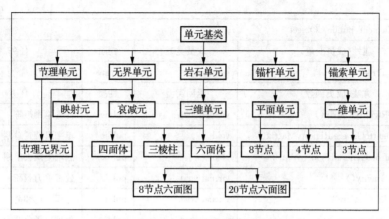

图 7.4　单元之间的继承与派生关系图

单元类封装了与单元相关的数据及其相关操作,如单元类型、材料号、单元节点号、单元刚度矩阵、高斯积分点数等,其声明如表 7.2 所示。

表 7.2　单元基类的声明

Class CElement：public CObject

属性(成员变量)	成员类型	性质	任务
m_pDoc	CEBPFEMDoc*	private	文档类指针
m_pNodes	static CObArray*	private	静态节点号指针
m_Arr_pMaterials	static CObArray*	private	静态材料号指针
m_gaussp	CGaussPoint*	private	高斯积分点指针
m_iElementIDNumber	int	private	单元序号
m_iMaterialNumber	int	private	单元材料号
m_nNodeAmount	int	private	单元节点数
m_pNodesNumber	int*	private	单元节点号数组
m_nGaussAmount	int	private	高斯积分点数
m_iElementType	int	private	单元类型
PlaneTyp	static int	private	二维问题类型
m_nDamageType	int	private	单元破坏类型
m_bExcavated	BOOL	private	单元是否被开挖
m_bFilled	BOOL	private	单元是否被回填
m_mwA_pGeneralRigidityMatrix	static mwArray*	private	静态总体刚阵指针
m_mwA_RigidityMatrix	mwArray	private	单元刚度矩阵
m_mwA_Strain	mwArray	private	单元应变

Class CElement:public CObject

属性(成员变量)	成员类型	性质	任务
m_mwA_Stress	mwArray	private	单元应力
方法(成员函数)	返回类型	性质	任务
ComputeRigidityMatrix()	virtual void	public	计算单刚矩阵
AddElementtoGeneralRigidityMatrix()	void	public	单刚组装到总刚
SubElemfromGeneralRigidityMatrix()	void	public	总刚中减去单刚
ComputeGravity()	virtual void	public	处理重力载荷
ComputeExcavation()	virtual void	public	计算开挖卸荷
ComputeDistribution	virtual void	public	处理边界分布力
ComputeShapeFunc(double*)	mwArray	public	计算单元形函数
Computer_Strain()	virtual void	public	计算单元应变
Computer_Stress()	virtual void	public	计算单元应力
Ritem(int,int,int)	virtual double	public	计算屈服准则右端项
Tension()	virtual double	public	计算抗拉强度
Hard()	virtual double	public	处理应变强化
JudgeElementDamage()	virtual void	public	判断破坏类型
DrawElement(CView*,CDC*)	virtual void	public	绘制单元
DrawNodePress(CView*,CDC*)	virtual void	public	绘制边界分布力

　　面向对象程序设计方法的继承和多态机制在此将显示它们的巨大优势和强大的功能。一方面,由某个基类所派生的不同单元类型将自动继承其基类的所有数据和成员函数,同时又可以定义自己的数据和成员函数,这就大大地减少了程序编码的工作量。例如,不同单元的单元刚度矩阵向总体刚度矩阵的组装方法是可以相同的,所以只需要在基类中进行编码而不需要每个单元类型中都进行重复工作。另一方面,不同类型的单元都必须具备"形成局部坐标系下单刚"这一成员函数,可以在单元基类的定义中将该成员函数定义为"虚函数"。由于不同类型的单元都是从单元基类派生而来,所以它们也继承了该成员函数,但是不同的单元形成单刚的方式是不同的,在具体的某种单元中,需要通过改写虚函数来实现自己的方法。下面给出了在有限元总体类中调用单元刚度矩阵以形成总体刚度矩阵的程序段代码(见图 7.5),该段代码很经典地反映了面向对象程序设计方法中的继承特性和多态特性。

```
void CooFEM∷FormGeneralRigidityMatrix()
{
    int freedom＝2；
    if(((CEBPFEMApp＊)AfxGetApp())->m_bThreeDimesion)freedom＝3；
    int NodeSize＝m_Arr_nodes.GetSize()；
    m_mwA_GeneralRigidityMatrix＝sparse(freedom＊(NodeSize-1),freedom＊(NodeSize-1))
    CElement＊plement；
    CMainFrame＊pFrame＝(CMainFrame＊)AFxGetApp()->m_pMainWnd；
    CStatusBar＊Pstatus＝&(pFrame-m_wndStatusBar)；
    CString str；
    int ElemSize＝m_Arr_elements.GetSize()；
    for(int ii＝1；ii<ElemSize；ii＋＋)
    {
        if(pelement＝(CElement＊)m_Arr_elements[ii])
        {
            Str.Format("计算单元%d%d 的单元刚度矩阵,ii,ElemSize-1")
            pStatus->SetPaneText(0,str)
            pelement->ComputeRigidityMatrix()；//体现了多态的特性
            pelement->AddElementtoGeneralRigidityMatrix()；//体现了继承的特性
        }
    }
}
```

图 7.5　调用单刚来形成总刚的程序段代码

3) 节点数据类(CNode)设计

在用有限元法解题的过程中,所要求的结构被假想地划分为若干的单元,单元由几个节点构成,并通过节点相互作用。节点类封装了节点有关的数据,主要包括节点坐标、节点自由度、节点力、节点位移、节点约束等,其声明如表 7.3 所示。

节点约束状态用一个整型变量 m_iDOFConstraints 表示,若 x 向自由度被约束其值为 1,y 向自由度被约束其值为 2,x 和 y 向自由度均被约束其值为 3,z 向自由度被约束其值为 4,x 和 z 向自由度均被约束其值为 5,y 和 z 向自由度均被约束其值为 6,三向约束其值为 7。

表 7.3　节点类的声明

Class CNode:public CObject

属性(成员变量)	成员类型	性质	任务
m_iNodeIDNumber	int	private	节点编号
m_number_relate_element	int	private	该节点相连的单元数

（续表 7.3）

Class CNode：public CObject

属性（成员变量）	成员类型	性质	任务
m_iDOFConstraints	int	private	节点约束代码
ndisp0freedom	int	private	非零位移约束自由度
m_pCoor	double *	private	节点坐标
m_dDisplacement	double *	private	节点位移
m_dForce	double *	private	等效节点力
m_dStrain	mwArray	private	节点应变
m_dStress	mwArray	private	节点应力
m_dSurfaceLoad	double	private	面力的节点压强
m_Node_Press	double	private	边界分布力节点压强
m_bExcavated	BOOL	private	节点是否被开挖
m_bFilled	BOOL	private	节点是否被回填
方法（成员函数）	返回类型	性质	任务
DrawNode(CView * ,CDC *)	void	public	绘制节点
DrawNodeForce(CView * ,CDC *)	void	public	绘制节点力
DrawRestriction(CView * ,CDC *)	void	public	绘制节点反力
DrawRestrictionX(CView * ,CDC *)	void	private	绘制节点反力 x 分量
DrawRestrictionY(CView * ,CDC *)	void	private	绘制节点反力 y 分量
DrawRestrictionZ(CView * ,CDC *)	void	private	绘制节点反力 z 分量
DrawForceX(CView * ,CDC *)	void	private	绘制节点 x 分量
DrawForceY(CView * ,CDC *)	void	private	绘制节点 y 分量
DrawForceZ(CView * ,CDC *)	void	private	绘制节点 z 分量

4）材料数据类（CMaterial）设计

材料类封装了材料的相关信息数据，主要包括材料号、材料的力学参数（如粘聚力、内摩擦角、抗拉强度、弹模、泊松比、密度等）；实现方法主要是计算弹性矩阵以及各种材料参数的设定和读取等，其声明如表 7.4 所示。

表 7.4 材料类的声明

Class CMaterial：public CObject

属性（成员变量）	成员类型	性质	任务
m_iMaterialIDNumber	int	private	材料编号
m_dPeakFrictionStrength	double	private	材料的极限内粘聚力 C_0

（续表 7.4）

Class CMaterial：public CObject

属性（成员变量）	成员类型	性质	任务
m_dPeakFrictionAngle	double	private	材料的极限内摩擦角 ϕ_0
m_dPeakLimitPullStrength	double	private	材料的极限抗拉强度 σ_0
m_dResidFrictionStrength	double	private	材料的残余内粘聚力 C_r
m_dResidFrictionAngle	double	private	材料的残余内摩擦角 ϕ_r
m_dResidLimitPullStrength	double	private	材料的残余抗拉强度 σ_r
m_dHard	double	private	后继屈服面的硬化率 H'
m_dYoung	double	private	岩石材料的弹性模量 E
m_dPoisson	double	private	岩石材料的泊松比 ν
m_dDensity	double	private	岩石材料的密度 ρ
m_dThickness	double	private	节理材料的厚度 t
m_dTanStiff	double	private	节理材料的切向刚度 K_τ
m_dNormStiff	double	private	节理材料的法向刚度 K_n
m_mwA_elasD	mwArray	private	材料的弹性或塑性矩阵
方法（成员函数）	返回类型	性质	任务
ElasticMatrixD()	mwArray	public	计算三维问题弹性矩阵
ElasticMatrixDofPlaneStress()	mwArray	public	计算平面应力弹性矩阵
ElasticMatrixDofPlaneStrain()	mwArray	public	计算平面应变弹性矩阵
ElasticMatrixDofAxisymmetric()	mwArray	public	计算轴对称弹性矩阵
SetPeakFrictionStrength	void	public	设定材料极限内粘聚力
SetPeakFrictionAngle	void	public	设定材料极限内摩擦角
SetPeakLimitPullStrength	void	public	设定材料极限抗拉强度
SetResidFrictionStrength	void	public	设定材料残余内粘聚力
SetResidFrictionAngle	void	public	设定材料残余内摩擦角
SetResidLimitPullStrength	void	public	设定材料残余抗拉强度
SetHard	void	public	设定后继屈服面硬化率
SetDensity	void	public	设定岩石材料的密度
GetPeakFrictionStrength	double	public	获取材料极限内粘聚力
GetPeakFrictionAngle	double	public	获取材料极限内摩擦角
GetPeakLimitPullStrength	double	public	获取材料极限抗拉强度
GetResidFrictionStrength	double	public	获取材料残余内粘聚力
GetResidFrictionAngle	double	public	获取材料残余内摩擦角

（续表 7.4）

Class CMaterial：public CObject

方法（成员函数）	返回类型	性质	任务
GetResidLimitPullStrength	double	public	获取材料残余抗拉强度
GetHard	double	public	获取后继屈服面硬化率
GetDensity	double	public	获取岩石材料的密度

材料类只是一个上层的抽象基类，它有两个类型的派生类，即岩石材料类和节理材料类。岩石材料类和节理材料类在继承材料基类的共同成员变量和成员函数的基础上，增加了自己的成员变量，如岩石有弹性模量、泊松比和密度，而节理有切向刚度、法向刚度和节理厚度等，并各自发展了自己的弹（塑）性矩阵的计算方法。

5）高斯积分点数据类（CGausspoint）设计

在有限元分析中，由于单元的形状复杂多变，单元的刚度矩阵等计算都需要借助高斯数值积分来进行。高斯积分点类封装了和高斯积分点相关的数据和方法，如高斯积分点坐标、高斯积分点应力、高斯积分点应变，其声明如表 7.5 所示。

表 7.5　高斯积分点类的声明

Class CGausspoint

属性（成员变量）	成员类型	性质	任务
m_pDoc	CEBPFEMDoc*	private	文档类指针
m_Arr_pMaterials	CObArray*	private	材料类指针
m_gpCoord	double*	private	高斯点局部坐标
m_gweight	double	private	高斯点的权
m_nGaussStress	int	private	高斯点应力分量的数目
m_mwA_gaussB	mwArray	private	高斯点的 B 矩阵
m_dAreaorVolume	double	private	高斯点所属单元的面/体积
m_mwA_GaussStrain	mwArray	private	高斯点应变
m_mwA_StepGaussStress	mwArray	private	高斯点应力增量
m_mwA_GaussStress	mwArray	private	高斯点应力
m_mwA_GaussDeviastress	mwArray	private	高斯点应力偏量
InvarI1	double	private	高斯点应力第一不变量
InvarJ2	double	private	高斯点应力偏量第二不变量
EquivalentStress	double	private	高斯点等效应力
EquivalentYieldStress	double	private	高斯点等效屈服应力
m_nStatus	int	private	高斯点的弹塑性状态记忆

Class CGausspoint			
属性(成员变量)	成员类型	性质	任务
m_nDamageHistory	int	private	高斯点的破坏历史
m_tolerance	double	private	计算容差
方法(成员函数)	返回类型	性质	任务
SetGausspLocalCoord()	virtual void	public	设置高斯点的局部坐标
ComputerShapeFunction()	virtual mwArray	public	计算形函数
ComputerjMaxtrix()	virtual mwArray	public	计算高斯点的j矩阵
ComputerJacobi()	virtual mwArray	public	计算高斯点的jacobi矩阵
ComputerBMaxtrix()	virtual mwArray	public	计算高斯点的B矩阵
ComputerTransitionMatrix()	virtual mwArray	public	计算转换矩阵
ComputerGaussPointCoord()	virtual mwArray	public	计算高斯点的整体坐标
ComputerGaussStress()	virtual void	public	计算高斯点应力
ComputerDeltaGaussStress()	virtual mwArray	public	计算高斯点的应力增量
ComputerStepGaussStress()	virtual mwArray	public	计算高斯点应变
ComputerInvar()	virtual double	public	计算高斯点应力不变量
ComputerFlowVector()	virtual void	public	计算高斯点应力流动矢量
ComputerPlasticDVector()	virtual void	public	计算高斯点材料的塑性矩阵
ComputeResidualNodeForce()	virtual mwArray	public	计算残余节点力
BrittleStressDrop()	virtual void	public	计算高斯点的应力脆性跌落

对于一般的弹塑性问题,高斯点的弹塑性状态可以用一个 BOOL 型的变量标识。但是,对于岩土工程中常见的脆塑性问题分析,两个状态还不够,本书用一个整型数表示,其值为 0 时表示该高斯点处于弹性状态且从未发生过应力跌落,其值为 1 时表示该高斯点发生过应力跌落但目前处于弹性状态,其值为 2 时表示该高斯点处于塑性屈服面上。

7.7.3　面向对象有限元实现

面向对象有限元实现是指面向对象有限元软件功能的实现,也就是在面向对象有限元分析与设计的基础上进行编码、测试、集成组装的迭代过程。对于每一个类,要确保得到所有需要的成员函数。编写代码、程序检查、功能测试以及代码调试是实现阶段的四个重要步骤。本书采用面向对象的程序设计语言 Visual C^{++},嵌入 Matlab 数学库,利用其强大的矩阵运算功能,开发了运行于 Windows XP/2000/NT 等操作系统的,适用于岩土工程二维和三维有限元分析的面向对象有限元软件 EBPFEM3D,源代码长约 30 000 行。该软件有与 Ansys 的文件接口,可以利用 Ansys 强大的前处理功能,同时也设计了自己的数据录入格式;程序能进行理想和非理想脆塑性岩石的力学性能模拟,可以考虑开挖卸荷和回填;程序中加入了节理单元,可以模拟岩体中的不连续面;程序中还加入了无界单元,可以模拟岩土工程中经常涉及的无限和半无限区域问题。具体的程序实现的代码太长,本书限于篇幅,不予罗列。下图为应用该软件进行某地下硐室群围岩稳定性分析的用户界面。

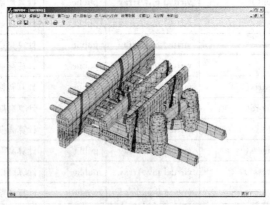

图 7.6　EBPFEM3D 用户界面

参 考 文 献

[1] 吴晓涵. 面向对象结构分析程序设计[M]. 北京:科学出版社,2002.

[2] Rehak D R,Baugh Jr J W. Alternative programming techniques for finite element program development[C]//Proceedings IABSE Colloquium On Expert Systems In Civil Engineering. Bergamo,Italy,1989.

[3] 刘熥. 面向对象有限元结构动力程序设计[D]. 武汉:武汉理工大学,2002.

[4] Peskin R L,Russo M F. An object-oriented system environment for partial differential equation solving[C]//Proceedings ASME Computations In Engineering. 1988,409 - 415.

[5] Miller G R. A Lisp-based object-oriented approach to structural analysis[J]. Engineering with Computers,1988,4:197 - 203.

[6] Forde B W R,Foschi R O,Stiemer S F. Object-oriented finite element analysis[J]. Computers & Structures,1990,34(3):355 - 374.

[7] Fenves G L. Object-oriented programming for engineering software development[J].

Engineering with Computers,1990,6(1):1-15.

[8] Mackie R I. Object oriented programming of the finite element method[J]. International Journal For Numerical Methods In Engineering,1992,35(2):425-436.

[9] Zimmermann T,Dubois-Pèlerin Y,Bomme P. Object-oriented finite element programming: I. Governing principles[J]. Computer Methods in Applied Mechanics and Engineering,1992,98(2):291-303.

[10] Dubois-Pèlerin Y,Zimmermann T. Object-oriented finite element programming: III. An efficient implementation in C++[J]. Computer Methods in Applied Mechanics and Engineering,1993,108(1/2):165-183.

[11] Ju J,Hosain M U. Substructuring using the object-oriented approach[C]//Proceedings 2nd International Conference on Computational structures Technology. Athens: op. Cit,1994. 115-120.

[12] Mackie R I. Object-oriented methods—finite element programming and engineering software design[C]//Pahl & Werner. Computing In Civil And Building Engineering: Proceedings of the Sixth International Conference on Computing In Civil and Building Engineering. Rotterdam:Balkema,1995,133-138.

[13] Rihaczek C,Kroplin B. Object-oriented design of finite element software for transient non-linear coupling problems[C]//Proceedings of Second Congress on Computing in Civil Engineering. ASCE,1994.

[14] Udo Meissner,Joaquin Diaz,Ingo Schönenborn. Object-oriented analysis of three dimensional geotechnical engineering systems[C]//Pahl & Werner. Computing In Civil And Building Engineering:Proceedings of the Sixth International Conference on Computing In Civil and Building Engineering. Rotterdam:Balkema,1995,61-65.

[15] Werner H,Mackert M,Stark M. Object oriented models and tolls in tunnel design and analysis[C]//Pahl & Werner. Computing In Civil And Building Engineering:Proceedings of the Sixth International Conference on Computing In Civil and Building Engineering. Rotterdam:Balkema,1995,107-112.

[16] 崔俊芝,梁俊. 现代有限元软件方法[M]. 北京:国防工业出版社,1995.

[17] 周本宽,曹中清,陈大鹏. 面向对象有限元程序的类设计[J]. 计算结构力学及其应用,1996,13(3):269-278.

[18] 曹中清,周本宽,陈大鹏. 面向对象有限元程序几种新的数据类型[J]. 西南交通大学学报,1996,31(2):119-125.

[19] 曹中清. 面向对象的有限元程序设计方法[D]. 成都:西南交通大学,1995.

[20] 李会平,曹中清,周本宽. 弹塑性分析的面向对象有限元方法[J]. 西南交通大学学报,1997,32(4):401-406.

[21] X A. Kong,D P. Chen. An object-oriented design of FEM programs[J]. Computers & Structures,1995,57(1):157-166.

[22] 孔祥安,翟已. 面向对象有限元程序的数据设计[J]. 西南交通大学学报,1997,31(4): 355 - 360.

[23] 孔祥安. C++语言和面向对象有限元程序设计[M]. 成都:西南交通大学出版 社,1995.

[24] 张向,许晶月,沈启彧,等. 面向对象的有限元程序设计[J]. 计算力学学报,1999,16 (2):216 - 225.

[25] 项阳,平扬,葛修润. 面向对象有限元方法在岩土工程中的应用[J]. 岩土力学,2000, 21(4):346 - 349.

[26] 项阳. 面向对象有限元方法及其应用——一种新的锚杆数值模型[D]. 武汉:中国科 学院武汉岩土力学研究所,2000.

[27] 陈健. 三维地层信息系统的建模与分析研究[D]. 武汉:中国科学院武汉岩土力学研 究所,2001.

[28] 朱晓光. 面向对象的非线性有限元程序框架设计[D]. 大连:大连理工大学,2002.

[29] 李晓军. 地下工程三维并行有限元分析系统面向对象的设计与实现[D]. 上海:同济 大学,2001.

[30] 郑继川. 面向对象的有限元程序设计方法研究[D]. 西安:西北工业大学,2000.

[31] 郑阿奇,丁有和,郑进. Visual C++实用教程[M]. 北京:电子工业出版社,2000.

[32] 吕凤翥. C++语言基础教程[M]. 北京:清华大学出版社,2007.

[33] 王燕. 面向对象的理论与 C++实践[M]. 北京:清华大学出版社,1997.

[34] 王勖成,邵敏. 有限单元法基本原理和数值方法[M]. 北京:清华大学出版社,1997.

8 工程实例

8.1 工程概况

小湾水电站坝址位于澜沧江中游、云南省临沧地区凤庆县与大理州南涧县交界的河段上。水库是澜沧江中、下游河段梯级电站的龙头水库,为澜沧江梯级开发的关键性工程。坝型为双曲拱坝,坝顶高程 1 245 m,最大坝高为 292 m,具有不完全多年调节能力;总装机容量为 4 200 MW。引水发电系统布置于右岸,为地下式厂房方案[1]。

小湾水电站地下厂房由主厂房、母线洞、主变室、尾水闸门室、调压井等主要硐室群组成。主厂房:轴线方向 N40°W,厂房尺寸为 303.5 m×30.6 m×81.0 m(长×宽×高),横剖面为城门洞型,断面尺寸 30.6 m×81.0 m(宽×高)。母线洞:位于主厂房下游侧,垂直厂房轴线,平行布置六条,城门洞型。主变室:距离主厂房 45 m,断面尺寸为 19 m×30 m。尾水闸门室:通过垂直于主厂房轴线呈直线平行分布的六条尾水洞与主厂房相连,竖长条形。调压井:分 1# 与 2# 调压井,1# 调压井控制 1#、2#、3# 机组,2# 调压井控制 4#、5#、6# 机组。主要地下硐室布置如图 8.1 和图 8.2 所示。

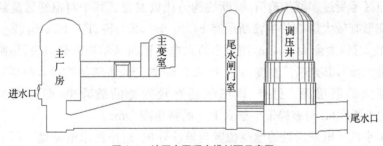

图 8.1　地下主要硐室横剖面示意图

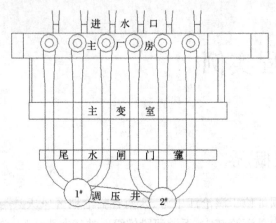

图 8.2　地下主要硐室布置俯视示意图

8.2　主要工程地质概况与岩体力学参数

枢纽区河流总体流向由北向南,河谷呈"V"形。引水发电系统布置在河谷右岸,地段岸坡陡峻。

引水发电系统布置地段分布的地层主要为时代不明的中/深变质岩系(M)及第四系(Q)。变质岩系(M)岩层呈单斜构造横河分布,陡倾上游,岩性主要有黑云花岗片麻岩和角闪斜长片麻岩;第四系(Q)地层分布较广,按成因类型划分主要有冲积层、洪积层、坡积层和崩积层。

水电枢纽区的地质构造主要受古老的纬向构造体系控制,构造线方向近东西。该地段分布的变质岩层呈单斜构造,走向近东西,倾向上游,倾角多大于 60°。

枢纽区经受过多期构造活动,断裂构造比较发育。其中对枢纽区建筑的整体稳定及变形有较大影响的主要断层有 F_7、F_3、F_{11}、F_{10}、F_5、F_{27}、F_{19}、F_{22}、F_{23}、F_2。除 F_7 规模较大外(宽度大于 4 m,按照小湾水电站枢纽区结构面分级表,该断层划分为 II 级结构面),其余断层宽度为 0.5~4.0 m(划分为 III 级结构面),断层带内夹有连续或断续的断层泥。另外,枢纽区还有较发育的破碎带,即宽度为 0.1~0.5 m 的小断层(f)与破碎带小于 0.1 m 的挤压面(gm)。

根据小湾水电站所处的地理位置与地质环境,对小湾水电站地下厂房硐室群(主厂房、母线洞、主变室、尾水闸门室、调压井等)的变形与稳定性起控制作用的 III 级结构面有 F_{11}、F_{10}、F_5。另外,结构面 F_7、F_3、F_{27}、F_{19}、f_{11} 对枢纽区的地下厂房硐室群也有一定的影响。

F_{11} 断层,其产状为 N75°~85°W,NE $\angle$80°~90°,破碎带宽度为 0.5~5.5 m。由

多条裂面构成,部分地段为多条挤压面组成的挤压带,主要由碎裂岩、糜棱岩、断层泥及碎块岩组成,沿走向及倾向均呈波状起伏,面上可见镜面和近水平擦痕,部分地段断层两侧岩体有蚀变现象。F₁₁断层穿过主厂房。

F₁₀断层,产状为 N65°～90°W,NE ∠65°～90°,破碎带宽度为 0.5～8.5 m。由多条裂面构成,主要由糜棱岩、断层泥及碎块岩组成,面上可见镜面和近水平擦痕,部分地段断层两侧岩体有蚀变现象。F₁₀断层穿过主厂房、主变室与尾水闸门室。

F₅断层,产状为 N65°～90°W,NE ∠75°～90°,破碎带宽度为 0.5～6.5 m。由多条裂面构成,主要由断层泥,泥化糜棱岩及碎裂岩组成,裂面之间主要为碎裂岩及碎块岩,面上可见镜面和近水平擦痕,影响带节理多充填高岭土,部分地段两侧岩体有蚀变现象。F₅断层穿过尾水闸门室与调压井区域。

地应力测试和分析结果初步表明,最大主应力方向为北北西向,倾角与山体坡角基本相同,这与区域地质构造和枢纽区结构面特征相符。枢纽区初始地应力以构造应力为主,且大于上覆岩体的自重应力,因此,地应力将对小湾水电站地下厂房硐室群开挖变形与稳定性有重要影响。

围岩体力学参数见表 8.1,由国家电力公司昆明勘测设计研究院提供。

表 8.1　小湾水电站地下厂房硐室群岩体力学参数

岩　柱		变形模量（GPa）	泊松比	粘结力（MPa）	摩擦系数	抗拉强度（MPa）	抗压强度（MPa）
微风化及新鲜岩体		28	0.25	2.5	1.5	1.5	80
断层	断层泥	0.05	0.4	0.04	0.45	0.1	0.2
	碎裂岩体	3.0～4.5	0.35	0.3～0.5	0.9～1.0	0.2	2.5
	综合值	3.75	0.35	0.4	0.9	0.15	

注:微风化及新鲜岩体的残余粘结力为 1.8 MPa,残余摩擦角为 50°。

8.3　小湾水电站地下硐室有限元分析

小湾水电站地下厂房区位于黑云花岗片麻岩层内,岩石致密坚硬,强度高。厂房围岩为微风化新鲜岩体。根据我们的经验,此岩类脆性性质十分明显。通常的工程问题的有限元非线性分析一般采用弹塑性分析,但是对小湾水电站而言,地下硐室群的三维有限元非线性分析,应以脆—塑性分析为主。因为没有详细的三轴试验资料,本书下面只采用理想脆塑性模型。

本书在前期地应力反演分析的基础上[2],采用不同的广义 Von Mises 条件圆锥形屈服面进行小湾地下硐室群开挖围岩稳定性三维理想弹-脆-塑性有限元与无界元耦合分析计算。

8.3.1 计算模型

小湾水电站地下硐室群的计算模型包含了主厂房、主变室、尾水闸门室、调压井以及它们之间的连接管道等主要硐室。模型中包含的规模较大的结构面有 F_7、F_3、F_{11}、F_{10}、F_5、F_{27}、F_{19} 及 f_{11}。其中多条结构面直接穿过硐室群的主厂房、主变室及尾水闸门室等，由于厂房区初始地应力大，开挖引起的围岩变形与破损是研究的主要内容。

1) 坐标系

为了便于计算结果的后处理，硐室群计算模型的 X 轴沿主厂房轴向，X 轴正向由 $1^\#$ 机组指向 $6^\#$ 机组方向，零点位于 $1^\#$ 机组附近，Z 轴与主厂房垂直，正向由主厂房指向主变室方向，Y 轴垂直于水平面，正向指向山体表面。

2) 计算范围与模型

小模型底部约束高程为 700.0 m；在 X 轴方向（即主厂房轴线方向），由 $1^\#$ 与 $6^\#$ 厂房各向外延伸 100 m；在 Z 轴方向（即垂直于主厂房轴线方向），由主厂房上游侧墙向上游延伸 100 m，由调压井垂直轴线向下游延伸 100 m。计算范围的单元数为 $53\ 483$，节点数为 $12\ 854$，材料种类包含岩体与断层材料。计算区域的网格示意图如图 8.3 所示，并在其四个侧面添加 $2\ 046$ 个 6 节点无界单元，底部施加固定零位移约束。地下硐室群部分的网格如图 8.4 所示。

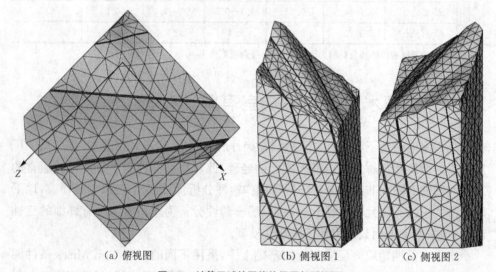

(a) 俯视图　　　　　(b) 侧视图 1　　　　　(c) 侧视图 2

图 8.3　计算区域的网格俯视图与侧视图

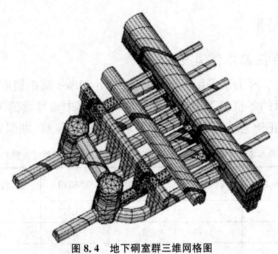

图 8.4   地下硐室群三维网格图

图 8.5 表示地下硐室群的开挖顺序示意图。为了比较沿各机组剖面的变形情况,图 8.6 给出了机组剖面特征点的布置图。

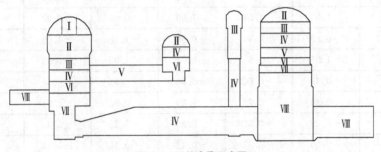

图 8.5   开挖步骤示意图

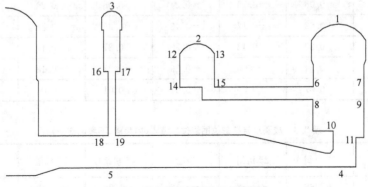

图 8.6   沿各机组剖面特征点示意图

8.3.2　计算结果

1）成洞后特征部位围岩变形

表 8.2～表 8.5 给出了采用不同的广义 Von Mises 圆锥屈服条件计算开挖完成以后图 8.6 所示的各机组剖面特征点的位移值，其中点号后的 V 表示竖向位移，负值意味着下沉，正值意味着隆起；H 表示水平方向的位移，即硐周收敛。

表 8.2　成洞后特征部位围岩位移值表（外角圆，不考虑支护）　　　单位：cm

部位 （特征点号）	1# 机组	2# 机组	3# 机组	4# 机组	5# 机组	6# 机组
1V	−1.81	−2.10	−1.85	−1.63	−1.43	−1.58
2V	−1.80	−1.79	−1.86	−1.65	−1.43	−1.35
3V	−1.11	−1.24	−1.00	−1.03	−0.97	−0.87
4V	1.79	1.82	1.73	1.54	1.59	1.57
5V	0.76	1.27	1.20	1.05	1.15	0.95
6H	−1.04	−1.05	−1.16	−1.81	−1.07	−1.05
7H	1.05	1.54	1.09	0.99	0.93	1.27
8H	−0.88	−0.95	−0.98	−1.58	−1.06	−0.91
9H	1.05	1.63	1.14	1.02	0.96	1.33
10H	−0.32	−0.50	−0.66	−0.53	−0.58	−0.36
11H	0.86	0.75	1.09	0.93	0.91	0.97
12H	−0.28	−0.32	−0.23	−0.29	−0.34	−0.48
13H	−0.30	−0.35	−0.42	−0.35	−0.36	−0.38
14H	0.04	−0.13	0.02	−0.02	−0.09	−0.14
15H	−0.08	−0.16	−0.24	−0.08	−0.20	−0.20
16H	−0.62	−0.17	−0.42	−0.35	−0.86	−0.32
17H	0.20	0.42	0.29	0.27	0.11	0.28
18H	−0.24	−0.06	−0.19	−0.21	−0.18	−0.06
19H	0.07	0.05	0.01	0.01	−0.04	−0.06

表 8.3　成洞后特征部位围岩位移值表（内角圆，不考虑支护）　　　单位：cm

部位 （特征点号）	1# 机组	2# 机组	3# 机组	4# 机组	5# 机组	6# 机组
1V	−2.68	−2.62	−2.18	−1.76	−1.58	−1.61
2V	−2.61	−2.38	−2.33	−1.90	−1.59	−1.45

（续表 8.3）

部位 （特征点号）	1# 机组	2# 机组	3# 机组	4# 机组	5# 机组	6# 机组
3V	−1.72	−1.78	−1.28	−1.22	−1.07	−0.94
4V	2.23	2.33	2.29	2.06	1.97	1.85
5V	1.02	1.63	1.56	1.28	1.36	1.08
6H	−4.91	−4.90	−5.57	−7.95	−3.41	−3.01
7H	3.94	6.14	3.82	3.02	2.46	3.19
8H	−3.99	−4.10	−4.16	−6.25	−3.74	−2.50
9H	3.86	6.04	3.80	3.03	2.46	3.21
10H	−2.94	−3.48	−3.90	−4.40	−3.77	−2.01
11H	2.27	1.05	2.38	2.04	1.95	1.67
12H	−1.56	−1.58	−1.69	−1.24	−1.19	−1.32
13H	0.31	−0.02	−0.01	−0.18	−0.33	−0.29
14H	−0.25	−0.55	−0.33	−0.32	−0.30	−0.39
15H	0.68	0.75	0.98	0.57	0.27	0.24
16H	−1.28	−0.60	−0.97	−0.72	−2.11	−0.48
17H	0.53	0.83	0.75	0.59	0.25	0.61
18H	−1.31	−0.25	−0.30	−0.62	−0.77	−0.25
19H	0.70	0.07	0.00	0.01	0.12	−0.09

表 8.4　成洞后特征部位围岩位移值表（等面积圆，不考虑支护）　　　　　单位：cm

部位 （特征点号）	1# 机组	2# 机组	3# 机组	4# 机组	5# 机组	6# 机组
1V	−2.01	−2.20	−1.88	−1.59	−1.39	−1.54
2V	−2.11	−1.99	−2.00	−1.70	−1.45	−1.35
3V	−1.37	−1.41	−1.05	−1.05	−0.97	−0.85
4V	2.00	2.05	1.98	1.75	1.76	1.68
5V	0.90	1.47	1.37	1.13	1.23	1.00
6H	−2.87	−2.73	−3.01	−4.70	−2.00	−1.64
7H	2.35	3.79	2.08	1.61	1.39	1.98
8H	−2.38	−2.41	−2.48	−3.80	−2.20	−1.45
9H	2.37	3.88	2.18	1.67	1.44	2.05
10H	−1.52	−1.99	−2.22	−2.40	−2.01	−0.91

部位 （特征点号）	1#机组	2#机组	3#机组	4#机组	5#机组	6#机组
11H	1.51	0.80	1.67	1.30	1.24	1.17
12H	−0.84	−0.92	−0.81	−0.61	−0.60	−0.77
13H	−0.12	−0.30	−0.44	−0.39	−0.46	−0.44
14H	−0.06	−0.29	−0.13	−0.14	−0.19	−0.26
15H	0.30	0.24	0.19	0.14	−0.10	−0.16
16H	−0.96	−0.44	−0.71	−0.52	−1.48	−0.40
17H	0.37	0.58	0.41	0.32	0.09	0.37
18H	−0.78	−0.20	−0.26	−0.40	−0.41	−0.20
19H	0.33	−0.02	−0.06	−0.04	−0.06	−0.12

表 8.5　成洞后特征部位围岩位移值表（D-P 圆，不考虑支护）　　　单位：cm

部位 （特征点号）	1#机组	2#机组	3#机组	4#机组	5#机组	6#机组
1V	−2.73	−2.65	−2.20	−1.77	−1.63	−1.63
2V	−2.64	−2.41	−2.36	−1.91	−1.60	−1.46
3V	−1.74	−1.79	−1.29	−1.23	−1.09	−0.95
4V	2.24	2.34	2.30	2.08	1.98	1.86
5V	1.03	1.63	1.56	1.28	1.36	1.08
6H	−5.01	−5.02	−5.71	−8.22	−3.52	−3.09
7H	4.03	6.35	3.93	3.10	2.53	3.30
8H	−4.07	−4.18	−4.25	−6.47	−3.85	−2.56
9H	3.94	6.25	3.90	3.11	2.52	3.31
10H	−3.01	−3.56	−4.00	−4.55	−3.86	−2.07
11H	2.31	1.08	2.43	2.09	2.00	1.71
12H	−1.60	−1.61	−1.74	−1.27	−1.22	−1.37
13H	0.34	−0.01	0.03	−0.16	−0.32	−0.28
14H	−0.26	−0.57	−0.34	−0.32	−0.30	−0.40
15H	0.70	0.77	1.02	0.59	0.29	0.26
16H	−1.31	−0.60	−0.98	−0.74	−2.20	−0.48
17H	0.54	0.85	0.76	0.61	0.26	0.64
18H	−1.34	−0.25	−0.30	−0.63	−0.79	−0.25
19H	0.73	0.07	0.01	0.01	0.13	−0.09

表 8.6 给出了考虑支护的情况下,采用等面积圆计算所得的各机组剖面特征点的位移值,支护考虑了设计系统锚杆与锚索支护。根据抗剪强度等效原则,系统锚杆提高岩体粘结力 C 值(增加 0.025 MPa)的同时,保持了岩体的完整性,在系统锚杆支护区的岩体采用弹–塑性模型;系统锚索支护按照设计荷载以面力(或节点力)的形式施加。

表 8.6　成洞后特征部位围岩位移值表(等面积圆,考虑支护)　　　　单位:cm

部位 (特征点号)	1# 机组	2# 机组	3# 机组	4# 机组	5# 机组	6# 机组
1V	−1.93	−2.13	−1.83	−1.55	−1.35	−1.51
2V	−2.04	−1.92	−1.94	−1.68	−1.42	−1.33
3V	−1.32	−1.39	−1.04	−1.04	−0.96	−0.84
4V	1.93	1.97	1.89	1.67	1.69	1.63
5V	0.90	1.43	1.33	1.10	1.21	0.98
6H	−2.51	−2.34	−2.51	−3.74	−1.78	−1.46
7H	2.16	3.14	1.81	1.42	1.24	1.74
8H	−2.11	−2.09	−2.18	−3.10	−1.82	−1.31
9H	2.16	3.19	1.90	1.45	1.28	1.80
10H	−1.38	−1.77	−1.97	−2.02	−1.80	−0.78
11H	1.34	0.75	1.50	1.15	1.03	1.07
12H	−0.70	−0.81	−0.67	−0.50	−0.51	−0.67
13H	−0.20	−0.36	−0.48	−0.43	−0.49	−0.46
14H	−0.05	−0.28	−0.11	−0.13	−0.18	−0.25
15H	0.21	0.12	0.06	0.06	−0.17	−0.21
16H	−0.95	−0.40	−0.68	−0.50	−1.42	−0.39
17H	0.34	0.56	0.39	0.30	0.09	0.36
18H	−0.70	−0.18	−0.25	−0.37	−0.39	−0.18
19H	0.32	−0.01	−0.05	−0.04	−0.05	−0.11

2) 成洞后各机组剖面围岩塑性区

怎样判断一个非线性单元是否破坏,至今尚无统一的标准,本书采取了一个折中方案,即认为只要有半数的高斯点发生过屈服,就意味着该单元业已破坏,且在判断时,拉损型的优先级高于剪切破损型,即:① 先判断高斯点是否被拉坏,若没被拉坏,再判断是否发生了剪切破坏;② 对于已破坏的单元,若多数高斯点为拉损型,则定义该单元为拉破坏类型,否则才是剪切破坏型。

图 8.7 给出了采用不同的广义 Von Mises 圆锥屈服条件计算开挖成洞后各机组剖面的塑性区域图。由图易知,采用不同的广义 Von Mises 圆锥屈服条件计算塑性区域的范围相差很大,故在一个具体的工程计算中,综合判断并选择一种相对合理的屈服条件是相当重要的。就本工程而言,外角圆计算结果明显偏于危险,而内角圆和内切圆的结果相当接近,但是考虑安全,故采用等面积圆是相对合适的选择。

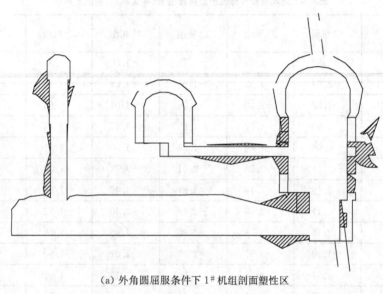

(a) 外角圆屈服条件下 1# 机组剖面塑性区

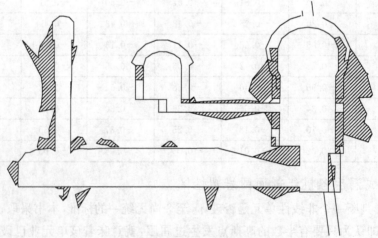

(b) 等面积圆屈服条件下 1# 机组剖面塑性区

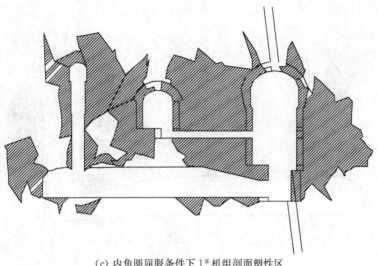

(c) 内角圆屈服条件下 1# 机组剖面塑性区

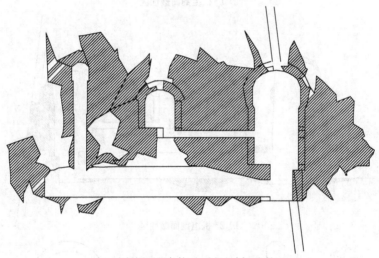

(d) 内切圆屈服条件下 1# 机组剖面塑性区

图 8.7　不同屈服条件下 1# 机组剖面塑性区

根据以上的分析,结合第 7 章的对比研究分析结果,在实际计算中,等面积圆屈服条件的计算准确程度比其他几种屈服条件更逼近摩尔-库仑条件。图 8.8 给出了采用等面积圆计算所得的成洞后各机组剖面的塑性区域图。

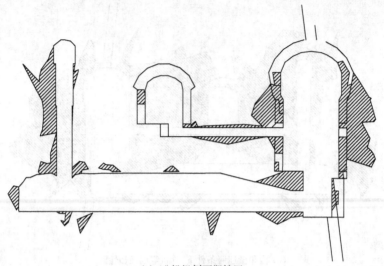

(a) 1# 机组剖面塑性区

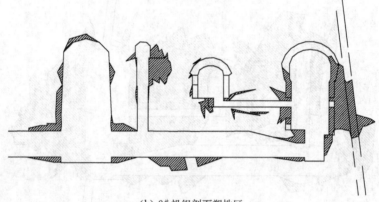

(b) 2# 机组剖面塑性区

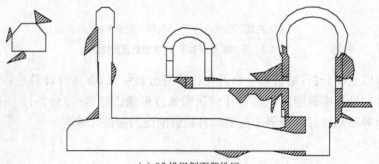

(c) 3# 机组剖面塑性区

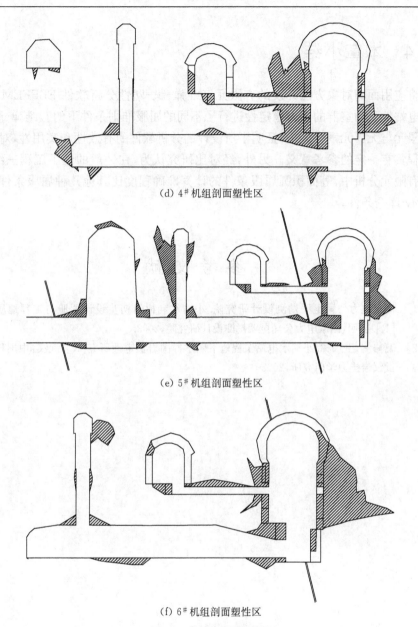

(d) 4[#]机组剖面塑性区

(e) 5[#]机组剖面塑性区

(f) 6[#]机组剖面塑性区

图 8.8 各机组剖面塑性区

8.4　本章小结

　　将应用面向对象方法开发的有限元三维弹-脆-塑性分析软件 EBPFEM 对小湾水电站地下硐室群的围岩稳定性进行了不同的屈服准则条件下的三维弹-脆-塑性有限元与无界元耦合分析,证明了所设计的分析软件的有效性和实用性,对类似的工程具有一定的参考意义。另外,经对比研究认为,在一般的地下工程三维脆-塑性有限元分析中,等面积圆屈服条件的计算准确程度比其他几种屈服条件更逼近莫尔-库仑条件。

参 考 文 献

［1］　国家电力公司昆明勘测设计研究院. 小湾水利枢纽初步设计图册与工程地质资料［R］.昆明:国家电力公司昆明勘测设计研究院,2003.

［2］　葛修润,王水林.小湾水电站工程地下硐室群围岩稳定性研究［R］.武汉:中国科学院武汉岩土力学研究所,2003.

9 结论与展望

9.1 主要结论及认识

现代计算技术在计算能力和存储容量上的革命仅仅提供了计算更复杂问题的有效工具,而程序的高效性是我们永恒的追求。本书从两方面着手,以面向对象的程序设计方法来提高程序的开发效率;在有限元计算分析中纳入无界单元以减小岩土工程的计算区域,从而提高程序的计算效率,最终为理想和非理想脆-塑性岩石破坏后区的力学特性数值模拟服务。

研究全过程曲线,特别是峰值后区特性无论在理论上,还是在岩体工程的实践方面都具有重要意义。对于大量的岩石工程问题而言,所涉及的岩类脆性性质十分明显,峰值后区存在突然的、几乎不可控的、迅速而剧烈的应力跌落。一般而言,岩石大多处于三维应力状态,随围压增大,应力坡降将逐渐变得平缓,采用理想弹-脆-塑性模型分析时必然有一定的误差,且围压越大,误差越明显,故开展峰值后区应力非垂直跌落的非理想弹-脆-塑性模型的研究是必要的。通过本书各部分的研究工作,得出了一些有益的结论和启示:

(1) 传统的岩石的应力应变全过程曲线分类中的 II 类曲线是有条件成立的,将其作为一种本构关系显然有些勉强。

(2) 脆-塑性岩石的脆性是相对的,随着围压的增大,岩石逐渐由脆性向延性转化;脆-塑性岩石的应力脆性跌落在围压不大的情形下发生,其应力脆性跌落系数是围压的函数。

脆-塑性岩石的后区斜率相对于中低强度的岩石来说要大得多,总体变形也小了不少,表现出很大的脆性,但是后区依然是可控的,仍然可以得到后区曲线。岩石强度越大,脆性越强,应力脆性跌落系数越小。单轴压缩时,大理岩的应力脆性跌落系数约为 0.387,红砂岩的应力脆性跌落系数约为 0.367,而花岗岩的应力脆性跌落系数为 0.200~0.350。

(4) 对应于一个具体的岩土工程问题,岩石一般处于三向应力状态,故其峰值后区特性曲线一般不会是绝对垂直下跌的,采用非理想弹-脆-塑性分析模型比采用理想弹-脆-塑性分析模型更符合工程实际。

（5）莫尔-库仑准则六边形屈服面是不光滑的，会导致其在数值计算上存在困难。当采用不同的广义 Von Mises 条件来逼近莫尔-库仑条件时，应当根据不同的材料参数以及工程问题类型选择合理的广义 Von Mises 条件。一般情况下，等面积广义 Von Mises 条件具有比其他几个广义 Von Mises 条件更广泛的适用性。

（6）在岩土工程有限元分析中引入无界单元方法，将有限元的离散范围缩小到工程中感兴趣的最小范围，然后在岩土工程活动影响不大的外围区域辅以无界单元，在计算精度相当的条件，可以大大降低整体计算的规模，提高计算的效率。

（7）将面向对象程序设计方法与有限元技术相结合的面向对象有限元方法，是对有限元新方法有益的尝试和创新性发展，必将大大地改进有限元软件的性能，提高有限元软件的开发和维护效率。

（8）面向对象的有限元方法只是采用面向对象的方法进行有限元程序的设计，并不触及有限元方法的核心，所以不可能从根源上克服有限元方法的瑕疵，传统有限元方法难以求解的面向对象有限元方法同样无能为力。

（9）将应用面向对象方法开发的有限元三维弹-脆-塑性分析软件 EB-PFEM3D 应用于小湾水电站地下硐室群的围岩稳定性分析研究中，证明了本书所设计的分析软件的有效性和实用性，对类似的工程具有一定的参考意义。

9.2　展望

岩体介质是复杂的，而脆-塑性岩石的应力脆性跌落机制更是极其复杂的。鉴于作者能力的限制和时间方面的原因，本书的研究工作仍然是初步的甚至是肤浅的，许多问题仍有待于深入探讨，希望以后可以在以下几个方面进行进一步的研究工作：

（1）脆-塑性岩石的应力脆性跌落系数是围压的函数。本书采用常规三轴压缩试验确定应力脆性跌落系数，若条件允许，应该进行岩石的真三轴试验，以更好地反映岩石材料的力学性能。

（2）岩体是一种各向异性的，富含节理和断层的复杂介质，其脆-塑性也是各向异性的，如何在脆-塑性计算中考虑材料的各向异性应该是很有价值的研究方向。

（3）对脆-塑性岩体的本构行为采用宏-细-微观相结合，在不同尺度上采用不同的断续理论描述，将成为岩体力学的一个重要发展方向。

（4）面向对象有限元的要点是如何根据有限元方法的特点来划分各个类，并合理地确定相关类之间的接口。目前在有限元软件的设计中，对象的识别主要依靠经验和直觉，因而不同的研究者设计出来的类不尽相同，甚至差别较大。因此，如何建立一个大家能认同的面向对象有限元的类设计是一个值得研究的课题。

(5) 有限元方法经历了几十年的发展,已经积累了大量实用的面向过程的有限元程序。在面向对象的有限元程序设计中研究如何有效地利用已有的这些宝贵资源是非常必要的。

附　　录

附录 1　大理岩常规三轴压缩试验应力应变曲线

1）0 MPa 围压

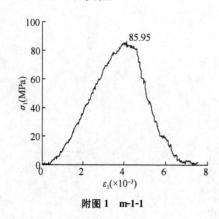

附图 1　m-1-1

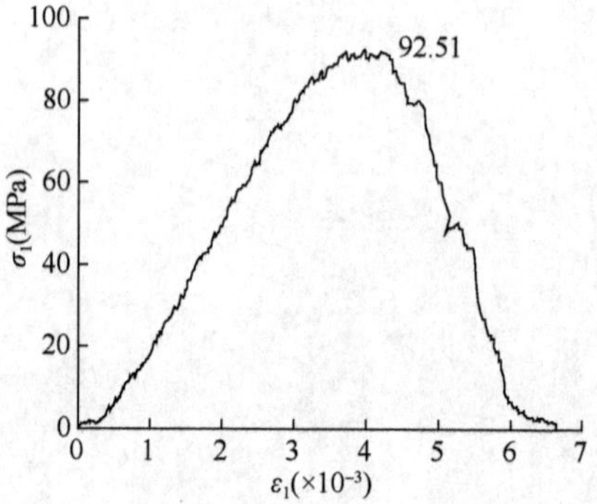

附图 2　m-1-2

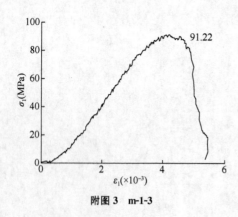

附图 3　m-1-3

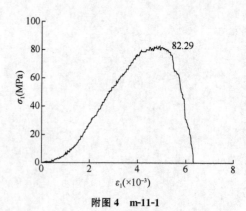

附图 4　m-11-1

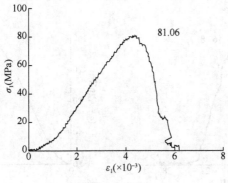

附图 5　m-11-2

2）5 MPa 围压

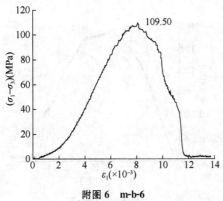

附图 6　m-b-6

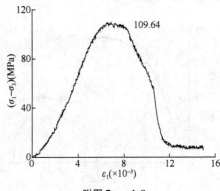

附图 7　m-b-8

3）10 MPa 围压

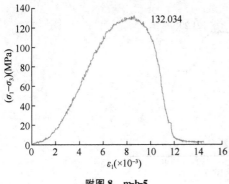

附图 8　m-b-5

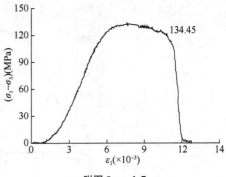

附图 9　m-b-7

4）15 MPa 围压

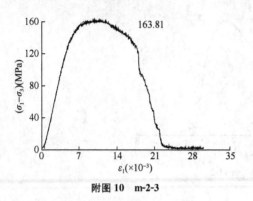

附图 10　m-2-3

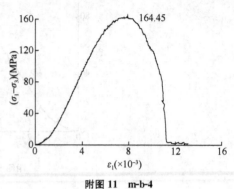

附图 11　m-b-4

5）20 MPa 围压

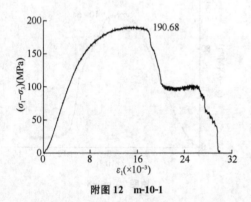

附图 12　m-10-1

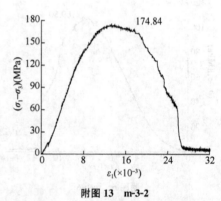

附图 13　m-3-2

6）30 MPa 围压

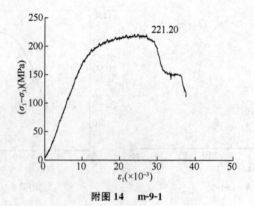

附图 14　m-9-1

7）40 MPa 围压

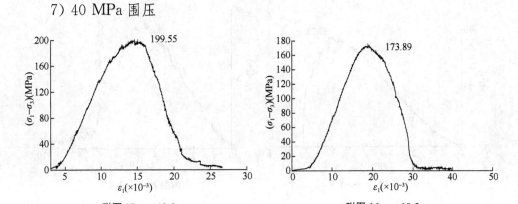

附图 15　m-10-2　　　　　　　　附图 16　m-10-3

附录 2　红砂岩常规三轴压缩试验应力应变曲线

1）0 MPa 围压

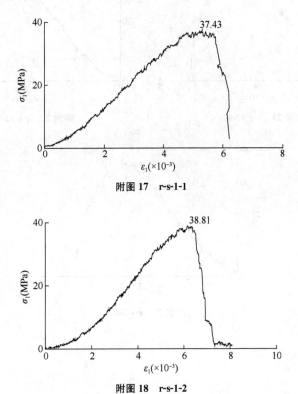

附图 17　r-s-1-1

附图 18　r-s-1-2

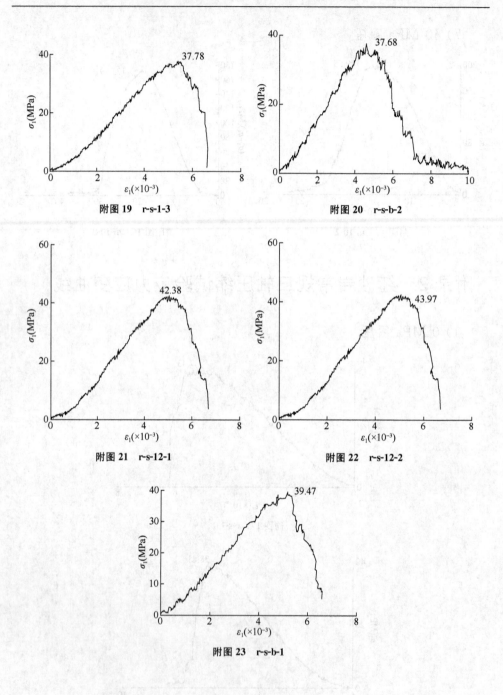

附图 19　r-s-1-3

附图 20　r-s-b-2

附图 21　r-s-12-1

附图 22　r-s-12-2

附图 23　r-s-b-1

2）5 MPa 围压

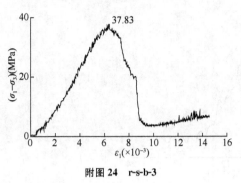

附图 24　r-s-b-3

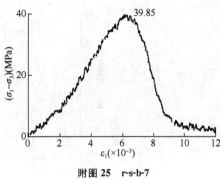

附图 25　r-s-b-7

3）10 MPa 围压

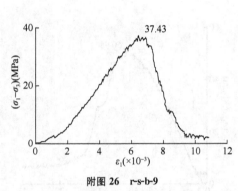

附图 26　r-s-b-9

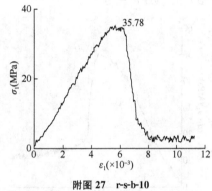

附图 27　r-s-b-10

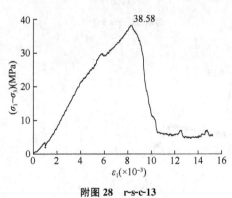

附图 28　r-s-c-13

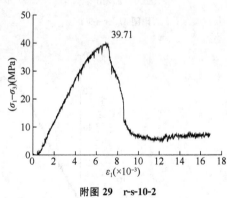

附图 29　r-s-10-2

4) 15 MPa 围压

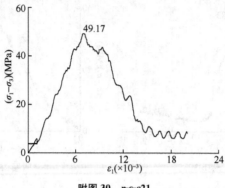

附图 30   r-s-c21

5) 20 MPa 围压

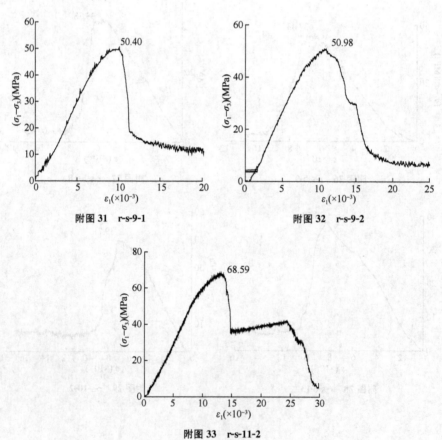

附图 31   r-s-9-1

附图 32   r-s-9-2

附图 33   r-s-11-2

6）30 MPa 围压

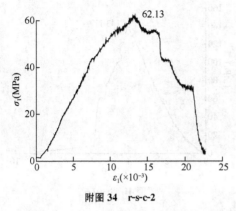

附图 34　r-s-c-2

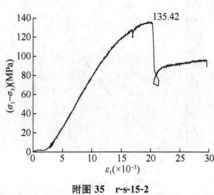

附图 35　r-s-15-2

7. 40 MPa 围压

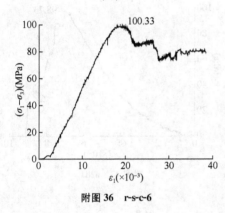

附图 36　r-s-c-6

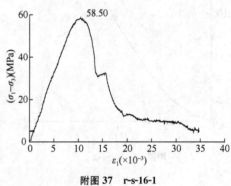

附图 37　r-s-16-1

附录 3　花岗岩单轴压缩试验应力应变曲线

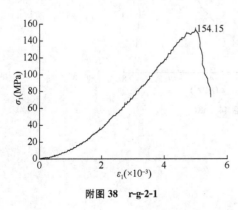

附图 38　r-g-2-1

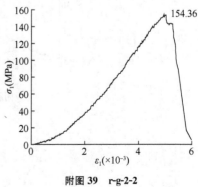

附图 39　r-g-2-2

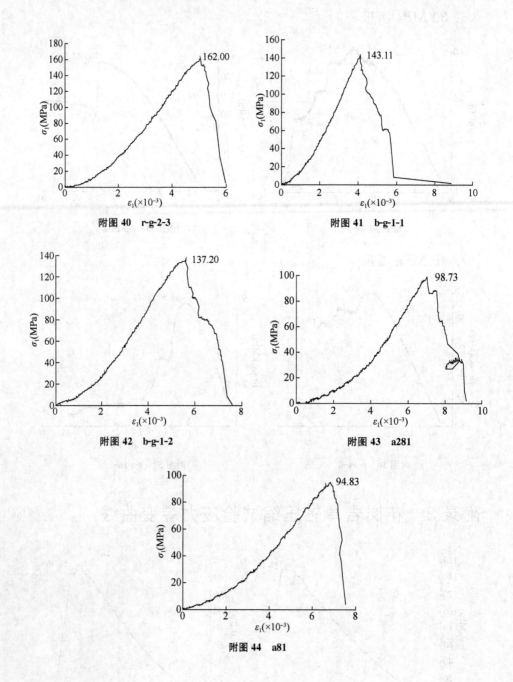

附图 40　r-g-2-3

附图 41　b-g-1-1

附图 42　b-g-1-2

附图 43　a281

附图 44　a81